Asma Ben Salem

Gestion des déchets au niveau de la décharge de Borj Chakir

Asma Ben Salem

Gestion des déchets au niveau de la décharge de Borj Chakir

Éditions universitaires européennes

Impressum / Mentions légales
Bibliografische Information der Deutschen Nationalbibliothek: Die Deutsche Nationalbibliothek verzeichnet diese Publikation in der Deutschen Nationalbibliografie; detaillierte bibliografische Daten sind im Internet über http://dnb.d-nb.de abrufbar.
Alle in diesem Buch genannten Marken und Produktnamen unterliegen warenzeichen-, marken- oder patentrechtlichem Schutz bzw. sind Warenzeichen oder eingetragene Warenzeichen der jeweiligen Inhaber. Die Wiedergabe von Marken, Produktnamen, Gebrauchsnamen, Handelsnamen, Warenbezeichnungen u.s.w. in diesem Werk berechtigt auch ohne besondere Kennzeichnung nicht zu der Annahme, dass solche Namen im Sinne der Warenzeichen- und Markenschutzgesetzgebung als frei zu betrachten wären und daher von jedermann benutzt werden dürften.

Information bibliographique publiée par la Deutsche Nationalbibliothek: La Deutsche Nationalbibliothek inscrit cette publication à la Deutsche Nationalbibliografie; des données bibliographiques détaillées sont disponibles sur internet à l'adresse http://dnb.d-nb.de.
Toutes marques et noms de produits mentionnés dans ce livre demeurent sous la protection des marques, des marques déposées et des brevets, et sont des marques ou des marques déposées de leurs détenteurs respectifs. L'utilisation des marques, noms de produits, noms communs, noms commerciaux, descriptions de produits, etc, même sans qu'ils soient mentionnés de façon particulière dans ce livre ne signifie en aucune façon que ces noms peuvent être utilisés sans restriction à l'égard de la législation pour la protection des marques et des marques déposées et pourraient donc être utilisés par quiconque.

Coverbild / Photo de couverture: www.ingimage.com

Verlag / Editeur:
Éditions universitaires européennes
ist ein Imprint der / est une marque déposée de
OmniScriptum GmbH & Co. KG
Heinrich-Böcking-Str. 6-8, 66121 Saarbrücken, Deutschland / Allemagne
Email: info@editions-ue.com

Herstellung: siehe letzte Seite /
Impression: voir la dernière page
ISBN: 978-3-8417-4550-7

Zugl. / Agréé par: Tunis, Faculté des Sciences de Tunis

Copyright / Droit d'auteur © 2015 OmniScriptum GmbH & Co. KG
Alle Rechte vorbehalten. / Tous droits réservés. Saarbrücken 2015

Dédicaces

A mon père Abdel Karim : mon grand amour et ma reconnaissance les plus sincère pour tes sacrifices qui m'ont accompagné tout le long de mes études. Tu m'appris le sens de responsabilité, de courage, d'espoir et de confiance en moi. Que Dieu te garde pour nous.

A ma mère Rachida : rien ne pourra exprimer mon grand amour. Je n'arriverais jamais à recomposer tes sacrifices et ta tendresse qui a fait de moi ce que je suis actuellement. J'espère que ma réussite peut te rendre une part de ce que tu ma donné. Que Dieu te garde pour nous.

A mon grand frère Jihed : merci pour tes encouragements et pour ton suivi de loin et de prés. Je te souhaite une heureuse vie en couple avec ta fiancée Hajer.

A mon frère Mouhamed Amine : tu étais toujours prés de moi dans les moments difficiles de ma vie et tu ma toujours pousser vers l'avant.

A mon frère Khaled : merci pour ta gentillesse et ta générosité et pour m'avoir accompagner au cours des échantillonnages.

A mon frère Ibrahim : merci pour le grand amour que tu m'emporte et pour m'avoir accompagner au cours des épuisantes compagnes d'échantillonnage.

Je suis trop fière d'avoir des frères comme vous. Je suis tant reconnaissance. Que Dieu vous garde toujours à mes côtés

A tous mes amis.

Résumé

La gestion des déchets solides constitue l'un des principaux axes du développement durable en Tunisie. En effet, elle constitue une problématique environnementale puisque la production des déchets ne cesse de croître sous le triple effet de la croissance démographique et urbaine, de l'amélioration du niveau de vie et du développement économique.

Pour améliorer la gestion des déchets solides depuis la production jusqu'à leur traitement en passant par la collecte et le transport, il a été lancé depuis 1993 le Programme National de Gestion Des Déchets Solides (PRONAGDES). Ce programme national comprend la réalisation des décharges contrôlées pour les déchets ménagers et assimilés, leurs centres de transfert et en corollaire l'installation des stations de traitement et d'élimination du principal effluent liquide polluant « le lixiviat » et la collecte du biogaz.

C'est dans ce cadre que s'inscrit notre travail qui concerne l'étude des lixiviats de la décharge contrôlée de Borj Chakir et ses impacts sur le milieu environnant. Ce pendant, le traitement envisager des lixiviats et proposer par l'ANGed est un traitement combiné et qui comporte un prétraitement pour le traitement des huiles et des graisses, un traitement biologique pour la DCO et la DBO5, un traitement de finition par l'osmose inverse et un traitement des boues. Ce traitement des lixiviats permet d'obtenir un produit final qui répond à la norme tunisienne (NT 106-002) pour le rejet dans les canalisations publiques de l'ONAS. C'est ainsi ce procédure permet de résoudre les problèmes d'impacts des lixiviats des décharges contrôlée sur leurs l'environnements surtout sur les nappes phréatiques et facilité leurs réhabilitations après leurs fermetures.

Introduction générale

« La protection de l'environnement et de l'écosystème représente l'une des options essentielles de l'ère nouvelle, tant qu'il est vrai que le développement durable ne peut se réaliser que dans un environnement sain. Aussi avons-nous établi un plan national de protection de l'environnement naturel, industriel, urbain et touristique en vue d'instaurer, dans notre pays, un environnement sain dans lequel il fasse bon vivre. »

D'après le discours de son excellence le Présédent Zine El Abidine Ben Ali édité à Carthage le 7 Novembre 2000, nous constatons que l'environnement se place dans les premières priorités de l'Etat de point de vue son important influence sur toutes les autres domaines.

Et dans le même contexte, s'installe la politique nationale de gestion des déchets solides qui vise essentiellement le développement durable et la protection de l'environnement et de l'écosystème.

La gestion des déchets solides ménagers et industriels constitue une problématique environnementale de taille d'autant plus que la production de déchets ne cesse de croître sous le triple effet de la croissance démographique et urbaine, de l'amélioration du niveau de vie et du développement économique, en plus il faut noter que les déchets solides génèrent des nombreux problèmes d'hygiène vis-à-vis de la population et des nuisances pour l'environnement.

En général, Les déchets sont exposés sur le sol dans un dépotoir déprouvue d'aménagement, sans compactage, sans couverture et sans contrôle. En effet ces décharges non contrôlées constituent un danger pour la santé publique en raison de la contamination des nappes souterraines souvent sources en eau potable, jouant un rôle très important dans l'augmentation des gaz a effet de serre dans l'atmosphère en plus ces décharges constituent un lieu favorable pour le développement des vecteurs de transmissions de maladies ou d'épidémies, enfin elles polluent les sols.

Pour ces raisons, les objectifs généraux de la politique de gestion des déchets sont : la priorité à la réduction à la source, au recyclage, à la valorisation et la limitation de l'enfouissement aux déchets ultimes, l'assise réglementaire a été mise en place et n'a cessé de se développer en s'appuyant notamment sur les principes « pollueur - payeur » et « producteur - récupérateur ».

Dés 1996 , il a été lancé le Programme National de la Gestion des Déchets Solides (PRONAGDES) qui constitue la pierre angulaire, il comporte des composantes techniques, réglementaires et juridique, financières et institutionnelles et il permet d'éliminer les dépotoirs sauvages et implanter des décharges contrôlées pour les déchets ménagers et assimilés, leurs centres de transfert et en corollaire l'installation des stations de traitement et d'élimination du principal effluent liquide polluant « le lixiviat ».

C'est dans ce cadre que s'inscrit la réalisation de la décharge contrôlée du Borj Chakir pour le stockage des déchets ménagers et assimilés du grand Tunis en remplaçant les veilles décharges dont l'exploitation présentait une menace environnementale. En outre, elle est située sur un substratum argileux, il est doté d'un lit drainant et de drain pour les lixiviats, il est équipé des bassins pour la collecte des jus.

Ce site constitue une référence, une vitrine de technologie qu'il contient d'entretenir et d'améliorer, il est localisé environ 10 km au sud-ouest de la ville de Tunis. Il est à mi-chemin entre les villages de El Attar et Bir El Jazzar distant respectivement de 1.5 km et de 1km.

La caractérisation de la décharge de Borj Chakir et l'identification de la composition chimique de la matière organique des lixiviats produit par la décharge, leurs impacts sur le milieu environnant fait l'objet de notre travail.

Cette mémoire est composée de sept chapitres :

- un premier chapitre qui renferme un aperçu sur la gestion des déchets solides en Tunisie
- un deuxième chapitre comprend l'évolution des déchets au niveau d'une décharge contrôlée
- la gestion d'une décharge contrôlée : cas de la décharge de Borj Chakir constitue l'objet du troisième chapitre
- un quatrième chapitre est consacré aux méthodes et techniques d'analyses
- analyses des lixiviats de la décharge de Borj Chakir est l'objet du cinquième chapitre
- un sixième renferme degrés de contamination des eaux et des sédiments
- le septième chapitre s'intéresse aux modes de traitement de lixiviats existants

Chapitre I
Aperçu sur la gestion déchets solides en Tunisie

I. INTRODUCTION

Un déchet est tout résidu issu d'un processus de production, de transformation ou d'utilisation et toute substance, matériaux ou produit destiné à l'abandon.

Selon la loi 96-41 on définie les déchets solides comme étant toutes substances et objet dont le détenteur se défait ou a l'intention de s'en défaire ou il a l'obligation de se défaire ou d'éliminer en vertu.

Les déchets constituent une lourde charge pour les structures et les collectivités concernées. En effet, face à la pression de la croissance démographique et de l'expansion urbaine, les problèmes liés à la gestion des déchets solides se sont multipliés tant en milieu urbain qu'en milieu rural, ils sont déversés dans des milieux naturels sensibles tels que les cours d'eau, les sebkhas, les carrières, désaffectées aux sols friables et les terres agricoles. C'est pourquoi la gestion des déchets solides est actuellement une préoccupation majeure de la politique environnementale en Tunisie. Le niveau atteint dans la collecte et le traitement des eaux résiduaires a incité le gouvernement à vouloir gagner le même pari dans le domaine de la gestion des déchets solides.

La prévention et la réduction de la production des déchets et des produits d'une part et la valorisation des déchets d'autre part. Cette valorisation s'effectue par réutilisation, recyclage et toute autre action visant la récupération des matériaux réutilisables et leur utilisation comme source d'énergie *(Karwi ; 2006)*.

II. CADRE REGLEMENTAIRE ET JURIDIQUE DE LA GESTION DES DECHETS

1- Réglementation interne

La gestion a bénéficié au cours des vingt dernières années d'une prise de conscience progressive dictée par des impacts de plus en plus visibles sur l'environnement et des problématiques de plus en plus saillantes.

Après une première organisation du secteur dans le cadre de la loi organique des communes, nous avons observé une évolution significative à travers trois étapes importantes, la mise en place du programme nationale de gestion des déchets à partir du

début des années quatre vingt dix, la promulgation de la loi cadre sur la gestion des déchets en 1996 et récemment la création d'une agence nationale de gestion des déchets.

Le programme national de gestion des déchets appelé couramment PRONAGDES est venu apporter une solution catégorique et à caractère curatif à l'impact des déchets sur l'environnement en substituant les dépotoirs sauvages par des décharges contrôlées dans les principales communes du pays.

La première décharge dans le cadre de ce programme est déjà fonctionnelle depuis quelques années et reçoit l'ensemble des déchets du grand Tunis, neuf autres décharges à l'intérieur du pays seront prêtes prochainement et permettront de traiter convenablement plus de 80% des déchets ménagers et assimilés produits à l'échelle nationale.

La deuxième étape dans le processus d'organisation du secteur s'est matérialisée à travers la promulgation d'une loi cadre sur les déchets, celle-ci a annoncé de manière claire l'esprit et la philosophie de la gestion des déchets que la Tunisie souhaite mettre en place. Cette philosophie s'appuie sur trois principes essentiels, la réduction de la production des déchets, la valorisation des déchets et l'enfouissement dans des décharges contrôlées de la partie ultime qui ne pourra plus faire l'objet d'un mode de valorisation. Egalement deux obligations guident l'esprit de la loi, d'une part l'obligation d'élimination des déchets pour tout détenteur et d'autre part l'obligation de récupération des déchets dont le producteur est responsable.

Cette loi cadre sur les déchets et à travers ses principes et ses obligations a révolutionné le paysage de la gestion des déchets et a apporté dans la foulée une série de mesures et de procédures qui ont toutes tendance à réduire l'impact des déchets sur l'environnement et a en faire de plus en plus un bien valorisables à dimension économique.

Toutefois, la dynamique suscitée par cette loi a mis en évidence de manière de plus en plus claire les défaillance et les lacunes qui caractérisent actuellement le secteur de la gestion des déchets, nous pensons à ce niveau aux aspects relatifs au disfonctionnement institutionnel qui entrave la mise en place d'une gestion intégrée des déchets, les difficultés quant au recouvrement des coûts de la gestion des déchets et le faible niveau d'implication de certains acteurs dans les différentes étapes de la gestion des déchets. *(Fourati ; 2005)).*

L'agence Nationale de Gestion des Déchets, récemment créée, se donne pour mission principale de promouvoir la gestion intégrée et durable des déchets en identifiant les solutions qui s'imposent et en apportant l'assistance nécessaire aux différents acteurs publics et privés (tableau.1). *(Source @7)*

Tableau.1 – Principaux textes juridiques dans le domaine de la gestion des déchets

Nature du texte	Numéro et date	Objet du texte
Arrêté	17 janvier 1990	Arrêté relatif à la création de l'agence municipale de traitement et de valorisation des déchets relevant des communes de Tunis
Loi organique des communes	Version du 24 juillet 1995	La loi organique des communes présente de manière très détaillée au niveau de son article 129 amendé, la notion de service de voirie et de travaux communaux, la commune est chargée à ce titre de réaliser entre autre les tâches suivantes : • L'aménagement des jardins, des vues, espaces verts, l'embellissements des entrées des villes, et l'enlèvement de tout phénomène et origine de la pollution sur la voie publique; • Le ramassage, le tri, le traitement, l'enlèvement, l'enterrement des ordures dans les dépotoirs contrôlés; • L'entretien, la réparation, le curage ou la construction des égouts; • Le nettoiement et l'arrosage des voies et places publiques; • L'éclairage des voies et places publiques et des établissements communaux; • La construction, l'entretien et la réparation des bâtiments communaux tels que les jardins d'enfant, les dispensaires, les maisons de jeune, les clubs culturels, les cimetières, les théâtres, les kiosques, les places publiques, les maisons communales et autres établissements communaux; • Les travaux d'assainissement de toute nature; • L'inscription des noms des rues des places et des numéros des maisons et des divers locaux;

		• Tout ce qui concerne l'exécution du plan d'aménagement, les alignements, les constructions particulières et les bâtiments menaçant ruine;
Décret relatif aux avantages fiscaux	N° 94-1191 du 30 mai 1994	Décret fixant les conditions de bénéfices des avantages fiscaux prévus aux articles 37,41,42, et 49 du code d'incitations aux investissements accordés en faveur des équipements destinés à l'économie d'énergie, la promotion des énergies renouvelables, la lutte contre la pollution, la collecte, la transformation et le traitement des déchets et ordures….
Loi relative aux déchets et au contrôle de leur élimination	N° 96-41	La loi sur les déchets s'appuie sur trois principes essentiels, la réduction de la production des déchets, la valorisation des déchets et l'enfouissement dans des décharges contrôlées de la partie ultime qui ne pourra plus faire l'objet d'un mode de valorisation. Egalement deux obligations guident l'esprit de la loi, d'une part l'obligation d'élimination des déchets pour tout détenteur et d'autre part l'obligation de récupération des déchets dont le producteur est responsable.
Décret ECOLEF	N°97-1102	Ce décret fixe les conditions et les modalités de reprise et de gestion des sacs d'emballages et des emballages utilisés, système public de reprise et de valorisation des emballages, ECO-LEF
Décret de création de l'ANGed	2005	Décret définissant les missions et les prérogatives de l'agence nationale de gestion des déchets

2- Régime de droit international

Sur le plan international, les Etats Européens ont signé en 1989 la convention sur le contrôle des mouvements transfrontaliers des déchets dangereux et leur élimination, dite convention de Bâle, signée le 22 mars 1989 par la Tunisie et ratifiée en 1995.

La Tunisie est également depuis 1992 en matière de réglementation internationale des mouvements transfrontaliers des déchets, au titre de la convention de Bamako. Cet accord a été signé en 1991 au sein de l'OUA sous l'intitulé complet de convention sur l'interdiction les déchets dangereux en Afrique et le contrôle de leurs mouvements transfrantalières. Cette convention a été adoptée notamment dans le but de mettre un terme au trafic illicite des déchets faisant de l'Afrique la « poupelle » de l'Europe, et de stigmatiser dans le même temps l'attitude inconsidérée d'Etats démunis accueillant sur leur territoire des déchets dangereux contre une rémunération monétaire destinée à renflouer les caisses publiques *(Boularess ; 2002).*

III. LES OBJECTIFS ET PRINCIPES DIRECTEURS

Les objectifs de la stratégie de gestion des déchets solides sont :
- assurer que la gestion des déchets se fasse sans mettre en danger la santé publique ni l'environnement ;
- encourager la minimisation quantitative de la production des déchets ;
- encourager le recyclage et la valorisation et d'établir des méthodes et une infrastructure assurant l'élimination au moindre coût économique et environnemental pour la société et étant compte des moyens disponibles.

Pour être efficace et durable, la gestion des déchets solides est traitée d'une manière globale, c'est-à-dire prenant en charge toute la chaîne du lieu de production jusqu'à l'élimination acceptable et intégrant à la fois les aspects institutionnels, économiques, financiers, environnementaux et techniques *(Fourati ; 2005).*

1- Le volet économique et financier

La stratégie économique et financière du secteur de gestion des déchets solides fonde sur deux principes de base :
- le principe pollueur-payeur ;
- le principe producteur-récupérateur.

Le système idéal de recouvrement des coûts devrait être équitable, simple à gérer, économiquement neutre et générant des ressources suffisantes.

L'équité sous-tend que des personnes dans les même circonstances contribuent de la même façon et que la capacité des populations à payer est prise en compte. La simplicité de gestion signifie la minimisation des efforts de paiement, de recouvrement et d'audit.

Enfin, l'équilibre financier du secteur peut nécessiter les recours à une contribution de l'Etat qui se justifie par la préservation de l'intérêt national en raison des externalités du secteur. Elle permet d'éviter à l'ensemble de la collectivité nationale de supporter les surcoûts directs et indirects qu'engendraient les insuffisances au niveau de gestion du secteur des déchets.

2- **Le volet technique et technologique**

Les options disponibles pour gérer les flux des déchets solides sont :
- la réduction à la source ;
- le recyclage et la valorisation
- l'enfouissement et les autres voies d'élimination (incinération et autres techniques de traitement).

3- **Le volet environnemental**

La gestion des déchets solides est une activité susceptible de générer des nuisances et avoir des impacts environnementaux négatifs sur :
- la santé publique ;
- l'air (émission de gaz à effet de serre dans les centres d'enfouissements) ;
- les eaux souterraines suite à l'infiltration des lixiviats et des eaux de ruissellements polluées par les déchets ;
- l'esthétique urbaine, le patrimoine culturel et sur les paysages ;
- la consommation des espaces.

Tout en développant le cadre de gestion du secteur, il faut veiller à en évaluer et à maîtriser les impacts potentiels en renforçant, en parallèle, les fonctions de contrôle (en amont et en aval) et le suivi des impacts environnementaux.

4- **Le volet information et sensibilisation**

La communication et la sensibilisation sont essentielles à toute stratégie de gestion des déchets solides. La réglementation et le contrôle de son application ainsi que les incitations sont nécessaire mais ne suffisent pas à atteindre les objectifs recherchés.

En effet, en premier lieu, il faut provoquer le changement de comportement des différents producteurs de déchets est une tâche ardue car elle intéresse des gestes quotidiens, 365 jours par ans, elle concerne toute la population et les acteurs économiques. En outre, le bon geste n'est souvent ni naturel ni spontané.

En deuxième lieu, il faut modifier le modèle de consommation vers les produits respectueux de l'environnement et notamment générant moins des déchets n'est pas plus facile.

Le succès de la collecte sélective, étape incontournable de la promotion de recyclage et de la valorisation, est très largement tributaire de la portée et de l'efficacité de la sensibilisation des citoyens.

La politique de communication et de sensibilisation aura à s'appuyer, dans le secteur des déchets solides, sur plusieurs éléments dont notamment :

- le développement des compagnes de sensibilisation générales auxquelles s'articulera des compagnes spécifiques par thème ;
- l'utilisation des canaux et de supports adaptés au public cible et à chaque tranche de la société ;
- une planification judicieuse dans le temps pour accompagner les différents programmes et réformes ;
- la mobilisation de tous les acteurs de la société civile : pouvoirs publics au niveau national et local, les ONG, les éducateurs, ect
- l'évaluation des impacts et de l'efficacité des campagnes menées.

5- Le volet socio-économique

Le secteur des déchets solides constitue un gisement prometteur pour la création d'emplois durable. En effet, le secteur est dans une perspective de croissance aussi bien dans le secteur public que dans le secteur privé car un important effort de rattrapage, de réhabilitation et de modernisation est encore à faire. Cette croissance résultera, d'une part, des multiples activités nouvelles liées notamment à la collecte sélective, à l'élimination et au traitement des déchets, au recyclage et à la valorisation et d'autre part de la modernisation et l'extension des activités existantes telles que la collecte.

Cependant, les retombées socio-économiques ne sont pas automatiques. En vue de les concrétiser et de les maximiser, la stratégie du secteur œuvrera notamment pour :

- poursuivre la politique d'encouragement de la participation du secteur privé dans les services environnementaux ;
- encourager l'émergence des nouveaux métiers dans le secteur et les professionnaliser ;
- baloriser les métiers dans la gestion des déchets et soigner l'image de la profession et du secteur auprès des jeunes ;
- encourager la création des micro-entreprises ;

- concevoir et mettre en œuvre des actions adoptées de formation et de renforcement des capacités nationales *(Boularess ; 2002)*.

IV. CADRE INSTITUTIONNEL

La gestion des déchets solides est gérée par un circuit d'institutions publiques et privées qui organisent entre elles le cheminement des déchets et leurs modes d'élimination. Ces organismes sont :

⊃ **Le ministère de l'environnement et du développement durable** qui est un acteur incontournable puisqu'il assure :
- l'établissement des normes de rejet des déchets et des émissions industrielles ;
- le financement des projets de lutte contre la pollution ou de protection de l'environnement et le suivi de leurs exécutions ;
- l'élaboration du cadre réglementaire et de la gestion des déchets.

⊃ **L'agence Nationale de Protection de L'environnement (ANPE)** est un établissement public à caractère non administratif et à pour mission :

- la lute contre les différentes formes de dégradation de l'environnement notamment les sources de pollution et de nuisance ;
- le contrôle et le suivi des rejets polluants ainsi que les installations de traitement ;
- la participation et l'élaboration des projets de textes réglementaire et convention internationale relative à gestion des déchets.

⊃ **L'agence Nationale de Gestions Des Déchets (ANGed)** : constitue le principal acteur public dans le domaine des déchets solides et dans leurs valorisations. Elle est crée par le décret n° 2317 année 2005.

⊃ **Le Fond de Dépollution (FODEP)** : est un fond spécial de l'état crée en 1993. Ce fond est alimenté par des conversions de dettes bilatérales (notamment scandinaves, banque allemande KFW) et par le budget national. Ce fond complète d'autres outils notamment ceux prévus par le code des investissements.

Il est en mesure de fournir des subventions conséquentes lors d'investissements, entraînant des retombées positives dans le domaine de la dépollution et de la protection de l'environnement.

Ce fond accorde des subventions évaluées à 20% du montant total du projet avec 50% du crédit bancaire FOCRED sur 10 ans avec 3 ans de grâce TMM^{-1} (taux de marché monétaire).

➲ **Le Ministère de l'Intérieur et du Développement Local** : chargé du contrôle des activités des municipalités et des communes dans le domaine de la collecte des déchets et de leurs transport vers les décharges contrôlées ou les décharges municipales.

➲ **Le Ministère de l'Industrie et du Tourisme et de l'Artisanat** : gérant les activités des industries responsables de la production des déchets et sensés de réduire leur nocivité et de prévoir leur danger.

➲ **L'Office National d'Assainissement (ONAS)** : chargé de la programmation, de la conception et de l'exploitation des réseaux d'assainissement en eaux usées et en eaux pluviales.

➲ **Le Centre International des Technologies De l'Environnement de Tunis (CITET)** : chargé des projets de recherche et de la formation des personnels en matière de l'environnement.

➲ **L'Institut Nationale de Normalisation et de Propriétés Industrielles (INNORPI)** : chargée de la mise en considération des normes tunisiennes. Une norme est un document établi par consensus et approuvé par un organisme connu INNORPI, qui fourni pour des usages communs et répétés des lignes directrices ou caractéristiques de certaines activités. L'INNORPI présente un ensemble de prescriptions établis en collaboration et avec l'approbation des parties impliquées dans différents organismes. *(Guinobi Abbes ; 2003).*

V. CASSIFICATION DES DECHETS EN TUNISIE
En Tunisie les déchets solides sont classés en 4 types d'après La loi cadre n°96-41 : cette classification est basée sur le degré de nuisance, de toxicité des déchets.

1. **Les déchets ménagers**

Les services officiels responsables de la gestion des déchets définissent les ordures ménagères comme une réunion des résidus hétérogènes dans lesquels on trouve :

- les détritus de toutes natures générés dans les ménages tels que : déchets de nourriture ou de préparation des repas, balayures, objets ménagers ou d'usage courant devenus hors d'usage, journaux et papiers divers, emballage métalliques, bouteille, emballage papier ou plastiques, chiffons et autres résidus textile ;
- les déchets des bureaux, commerces, industrie (carton, roseaux et textile etc) et artisanats, administration, déchets des cours et des jardins ;
- fumier, feuilles mortes, bois, résidus de nettoyage de parcs, rues ;

- les détritus des halles, foires, marché ;
- les résidus de collectivités tels que les cantines, écoles, casernes, hospices, prisons, ainsi que les résidus des hôpitaux ayant un caractère ménager ;
- tous objets bondonnés sur la voie publique, ou par les promeneurs dans les bois, ainsi que les cadavres des petits animaux.

2. **Les déchets dangereux**

Les déchets dangereux proviennent surtout de l'activité industrielle, ils présentent des caractéristiques qui les différencient des déchets urbains et qui font que ces déchets soulèvent des problèmes particulièrement difficiles à résoudre.

On y trouve des résidus et sous-produit de fabrication tels que les laitiers de hauts fourneaux, les cendres d'aciéries, les particules recueillies par les dépoussiéreurs, les boues issues de l'épuration des effluents, boues obtenues après déshydratation des lessives usées.

Un autre type de déchets dangereux est représenté par les déchets radioactifs dont leurs dangers résident sur le fait qu'elles émettent des rayonnements radioactifs.

Ces déchets sont produits par les activités à caractère nucléique des hôpitaux, des industries des centres de recherches et des universités. Ce type de déchets nécessite un traitement spécial.

3. **Les déchets spéciaux**

Dans cette catégorie on classe les déchets hôpitaux, les déchets d'abattoirs et les boues de station d'épuration des eaux usées domestiques et qui peuvent représenté un grand danger sur l'environnement et sur la santé humaine.

Ces déchets contiennes des :
- ➤ seringues, pansement, plâtre, déchets anatomiques ;
- ➤ déchets fortement contaminés par les agents responsables de maladies parfois contagieuses, parfois mortelles.

L'apparition de nouvelles épidémies comme la légionellose, le SIDA, le choléra et autres pestes, démontre la fragilité de l'immunité naturelle et la nécessité de gérer au mieux les déchets hôteliers qui sont d'autant plus dangereux, qu'ils ont déjà participé au processus de « contamination-traitement » de plusieurs maladies.

Les déchets d'abattoirs qui sont très riches en matières animales (déchet de viande, os, plumes, etc), ils constituent un milieu de vie favorable pour les bactéries et les virus qui peuvent être dans de nombreux cas contagieux.

Autres déchets, particuliers : les boues de station d'épuration d'eau usées urbain. Les stations génèrent des déchets qui sont des résidus provenant de traitement des eaux usées domestiques tels que : les bassins de décantation, les filtres biologiques, les filtres de presses, et les digesteurs. Ce type de déchet contient une charge énorme en micro-organismes et d'autres éléments nuisibles.

4. Les déchets inertes

Cette classe regroupe les déchets encombrants, tel que les grands tonneaux, les déchets et les déblais de construction, etc. *(ANPE ; 2004)*.

VI. DIAGNOSTIC ET MISE EN EVIDENCE DES PROBLEMATIQUES MAJEURS

La gestion des déchets est un aspect de la promotion de la qualité de la vie qui connaît une évolution remarquable depuis une quinzaine années. Cette évolution touche l'ensemble des volets qui conditionne la gestion intégrée des déchets. Dans ce sens les aspects techniques de la gestion des déchets sont abordés de manière de plus en plus développée et performante en introduisant de nouvelles composantes dans la gestion des déchets qui n'étalaient pas jusqu'à présent pris en considération comme l'enfouissement

des déchets dans des décharges contrôlées, les aspects institutionnel et surtout financier prennent également de plus en plus d'importance du fait qu'il est de plus en plus démontré que ces aspects sont fondamentaux dans la réussite d'une gestion intégrée et surtout performante et durable des déchets.

Cette dynamique dans le domaine de la gestion des déchets ne doit pas cacher les lacunes et les défaillances qui caractérisent encore ce secteur, nous les résumons comme suit sous forme de problématiques et de défis et plus particulièrement en mettant l'accent sur l'impact de ce domaine sur la promotion de la qualité de la vie :

- **La gestion des déchets ménagers demeure en grande partie limitée à la collecte :**

Dans la plus part des villes tunisiennes la gestion des déchets ménagers se limite à la collecte des déchets et leur acheminement vers des dépotoirs sauvages à l'extérieur de la ville exception faite des communes du grand Tunis qui disposent depuis quelques années de la première décharge contrôlée du pays, celle de Jebel Chakir. Cette situation nuit considérablement à l'environnement, les ressources naturelles sont menacées de pollution et le paysage rural et urbain est souvent dégradé par la présence de déchets.

- **Les décharges sauvages continuent à proliférer dans le milieu rural et au voisinage des concentrations urbaines :**

Plusieurs décharges existent dans le milieu rural et au voisinage des villes.

- **La qualité et la performance de la pré-collecte et la collecte des déchets ménagers demeurent insatisfaisantes :**

La pré collecte et la collecte se fait souvent de manière peu respectueuse des règles de propreté, des poubelles individuelles de tout genre et qui ne sont pas forcément adaptées à l'usage sont jetées sur les trottoirs à plusieurs moments de la journées avec des déchets qui débordent souvent et qui finissent par se trouver éparpillés sur les différents coins de la rue. Les agents de la municipalité ou même des entreprises privées et dans une hâte régulière et constante participent à l'éparpillement des déchets tout en rejetant les ustensiles utilisés en guise de poubelle sur le trottoir ou même en bordure de la route.

Egalement et au moment du transport des déchets souvent dans des engins peu adaptés, des chutes de déchets sont observées faisant ainsi accroître les quantités de déchets sur la voirie.

- **Le nettoyage des centres urbains demeure souvent insatisfaisant :**

Souvent la propreté fait défaut dans certains centres urbains, les déchets sont éparpillés aux quatre coins de la rue, des quantités de poussière, des matériaux et des débris de chantiers couvrent fréquemment les trottoirs et gênent la circulation.

- **La gestion des déchets hospitaliers n'est toujours pas appropriée et ne répond pas aux obligations de protection de l'environnement**
- **La gestion rationnelle des déchets industriels et plus particulièrement dangereux est pratiquement inexistante :**

Les débris et les déchets des entreprises sont souvent rejetés dans le milieu nature au voisinage des zones industrielles. *(Municipale de Tunis)*

VII. PRINCIPALES ACTIONS MENEES

- La définition et la conception par le Ministère de l'environnement et de l'aménagement du territoire en 1993 d'un programme nationale de gestion des déchets solides, PRONAGDES. Ce programme vise à améliorer la gestion des trois catégories de déchets, il est basé sur deux principes : **Pollueur payeur et producteur récupérateur**. Pour ce qui est des déchets ménagers le programme prévoyait dans une première phase de mettre fin aux décharges sauvages et dans une deuxième phase d'assurer le traitement et la valorisation des déchets.

- La mise en place depuis 1994 d'une série de projets et d'actions de sensibilisation à la propreté et à la récupération des emballages notamment plastiques.

- Le code d'investissement de 1993 ainsi que le fonds de dépollution de 1994 ont apporté une série d'incitations fiscales et financières en vue d'encourager le secteur privé à investir dans le domaine de la gestion des déchets et particulièrement au niveau du recyclage.

- Des opérations pilotes de tri sélectif ont été initiée dans certaines régions de la Tunisie, le cas de la citée El Khadra à Tunis en 1994.

- Création en mars 1996 suite à une décision d'un conseil des ministres d'un département au sein de l'agence nationale de protection de l'environnement chargé de la gestion des déchets et de l'embellissement des villes.

- Promulgation en 1996 de la loi 96-41 relative aux déchets et au contrôle de leur élimination.

- Parution en 1997 du décret n°97-1102 fixant les conditions et les modalités de reprise et de gestion des sacs d'emballages et des emballages utilisés et démarrage du système public de reprise et de valorisation des emballages, ECO-LEF, le premier janvier 1998.

- Lancement en 1997 de l'étude du centre de traitement des déchets dangereux.

- La réalisation en 1998 de la première unité en Tunisie de traitement des déchets ménagers et assimilés pour les communes du grand Tunis dans la localité de Jebel Chakir.

- La réalisation de deux centres de transfert pour l'unité de traitement de Jebel Chakir à Ben Arous et Jedaïda.

- Achèvement en 1998 des travaux de construction de quatre décharges contrôlées dans les villes situées sur le bassin versant d'Oued Medjerda. Ce projet vise à protéger les eaux de l'Oued Medjerda de toute contamination.

- Promulgation en 2000 d'un décret fixant la liste des déchets dangereux.

- Programmation pour la période 2001-2004 de la création de 9 nouvelles décharges contrôlées à l'intérieur du pays qui viennent s'ajouter aux cinq décharges déjà existantes.

- Dans le cadre du projet d'aménagement des 9 décharges contrôlées et des 17 centres de transfert correspondant pour les déchets solides ménagers et assimilés, il a été noté jusqu'à fin 2005 :

    o L'achèvement des travaux de génie civil au niveau de 7 décharges contrôlées à Bizerte, Monastir, Kairouan, Sfax, Gabès, Jerba et Sousse

    o La préparation des travaux au niveau des 2 décharges de Nabeul et Médenine. Ce retard est dû essentiellement au choix des sites et les problèmes d'ordre foncier.

    o L'actualisation du nombre des centres de transfert de 17 à 40 en gardant le même coût de réalisation mais en réduisant leurs capacités, et ceci afin de rapprocher ces centres des communes concernées. Les travaux de construction des centres de transfert de Bizerte et Kairouan ont été engagés depuis la fin de 2004 alors ceux de Sfax et Gabès sont en cours de préparation.

- Préparation des études techniques et environnementales du projet de réalisation de l'unité de traitement des déchets dangereux à Jradou et de 3 centres de transfert à Bizerte (Nord), à Sfax (Centre) et à Gabès (Sud).

- La mise en place par le Ministère de la Santé Publique d'un plan directeur dans le domaine de la gestion des déchets hospitaliers et la préparation d'un projet de décret fixant les conditions et les procédures de gestion de ces déchets (collecte, tri, transport et traitement).

Le renforcement du programme de collecte rémunérée des déchets en plastique à travers la généralisation des points de collecte exploités par les privés dans les principaux gouvernorats.

- La création en 2005 d'une Agence Nationale de Gestion des Déchets, ANGed.

(source @ 7)

VIII. LA VALORISATION ET LE RECYCLAGE DES DECHETS

1- La valorisation des déchets

La composition de nos déchets dont 70% contiennent de la matière organique et des proportions non négligeables de papier, carton, plastique, verre et métaux. Leurs gestions rationnelles exigent de développer les options de leur valorisation.

La valorisation des déchets ménagers par le compostage constitue une voie prometteuse à développer en Tunisie. En effet, la composition de ces déchets est favorable au compostage. En outre, la proportion organique relativement importante (68% des déchets organiques) constitue un gisement potentiel qui peut être détourné des centres d'enfouissement ce qui augmentera leur durée de vie. Ce pendant le compostage comporte des avantages environnementaux car il épargne les impacts négatifs potentiels de la mise en décharge (émission de gaz, pollution par les lixiviations) et permettant de produire de grandes quantités de composte dont les sols ont un grand besoin partout dans le pays pour améliorer les rendements en agriculture.

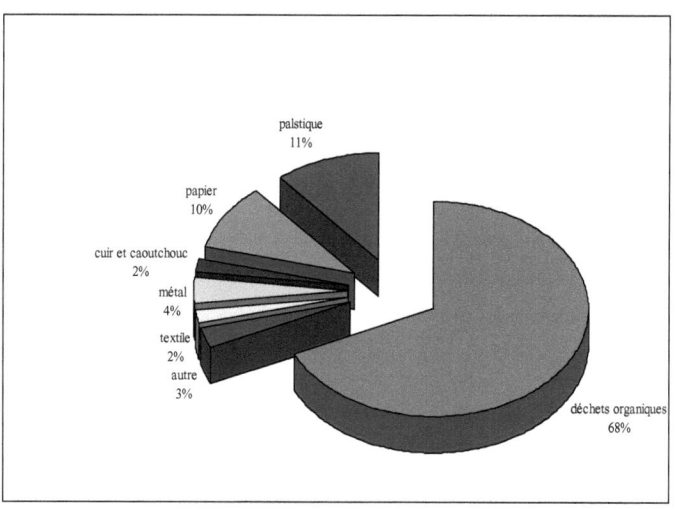

Fig. 1 - La composition des déchets ménagers et assimilés en Tunisie ANPE

2- Le recyclage des déchets

Les bienfaits du recyclage ne sont pas à démontrer :
- il permet de diminuer le flux des déchets à traiter ce qui contribue à réduire les coûts du traitement et évite d'encombrer les décharges ;
- il préserve les ressources naturelles en matière première ;
- il diminue les importations et génère des emplois.

Mais le recyclage comporte une chaîne souvent complexe d'activités interdépendantes et nécessitées la mobilisation de nombreux acteurs publics et privés.

Le succès de cette entreprise est tibulaire de l'efficacité de tous les maillons de cette chaîne. En effet les filières de valorisation ne sont viables que si elles s'inscrivent dans un circuit économique.

Le recyclage obéit à une double logique : une logique industrielle et une logique de gestion des déchets. Une approche purement industrielle et commerciale de recyclage ne garantit pas toujours la viabilité de l'activité. C'est notamment en comptabilisant les bénéfices environnementaux qu'ont peut faciliter sa faisabilité *(Marzouki ; 2001)*.

3- La gestion des déchets en plastiques- le programme « Eco-lef »

Le plastique est un bon matériau d'emballage qui présente plusieurs avantages qui expliquent son succès. Arrivé en fin de vie qui est souvent courte, le plastique constitue un mauvais déchets difficile à gérer car il est léger et visible, il s'envole et affecte le paysage et l'espace urbain en plus il est persistant et encombrant, il est difficile à extraire du flux des déchets et à valoriser.

Chaque année ont produits environ 1,5 million de tonnes de déchets ménagers et cette valeur peut s'accroître et atteindra 1,9 million de tonnes en 2010.

En 1997, fut lancé le système public de reprise et de valorisation des emballages utilisés baptisé « Eco-lef » et c'est par le décret n°97-1102 et dont la gestion a été confié à l'ANPE.

Il s'agit d'une filière des déchets d'emballage qui concerne les sacs d'emballage et les emballages en plastique ou en métal destinés à être commercialisés sur le marché local.

Depuis l'année 1998 a été l'année de lancement du système Eco-lef. Elle a notamment connu la concrétisation du partenariat avec les industriels. Un partenariat qui n'a cessé de se consolider comme en témoigne la progression permanente des adhésions. En effet la majorité des industriels conditionneurs d'eau, de boissons gazeuses, de jus et des dérivés du lait soit environ une trentaine ont adhéré au système Eco-lef.

La maîtrise du phénomène de la pollution de l'environnement par les produits en plastiques a été l'objet de deux conseils ministériels le 14 Janvier et le 20 Décembre 2000.

Cela traduit bien l'importance accordée à ce fléau qu'est la pollution engendrée par le plastique et l'engagement du pays en vue d'améliorer le cadre de vie et préserver l'environnement contre la pollution par les déchets en plastique.

En outre, le système d'Eco-lef des plastiques a permet la réduction de la mise en décharge des déchets d'emballage et la limitation de l'impact négatif de l'abondons de ces déchets dans la nature. *(ANPE (2001))*

Maintenant, à coté du système d'ECO-lef des plastiques, on trouve des autres systèmes comme :

- ECO-filtre pour la collecte des filtres d'huiles usagés des moteurs ;
- ECO-zit pour la collecte des huiles usagées des moteurs ;
- ECO-pneus pour la collecte des pneus usagées ;
- ECO-pile, ECO-bactérie.

C'est ainsi le tri des déchets ménagers est devenu indispensable pour le développement du recyclage et ce qui va permettre de réduire la quantité des métaux lourds dans les lixiviats (fig.1). *(Source @ 7)*

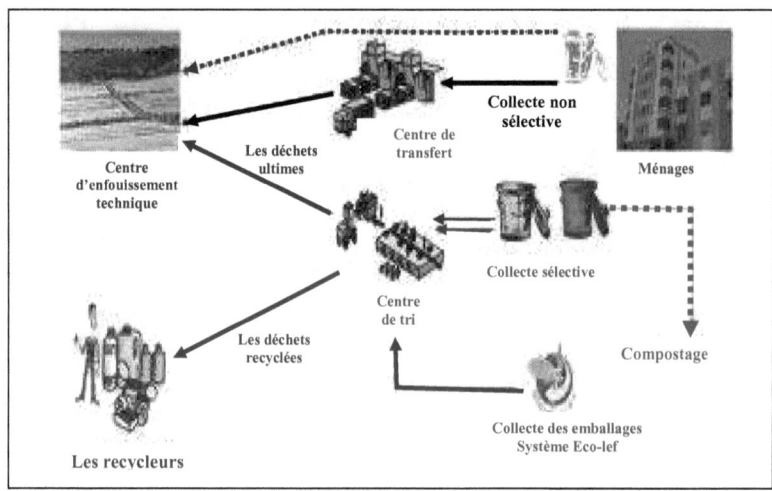

Fig. 2 - Circuit de gestion des ordures ménagères ANPE

IX. LES MODES DE TRAITEMENT DES DECHETS SOLIDES

Les techniques d'élimination des ordures ménagères, se développent sur tout sur trois grands axes traditionnels qui sont l'incinération, la mise en décharge et le compostage. Le recyclage ne peut s'intéresser qu'une partie restreinte des déchets ménagers.

1- Les traitements classiques

a- Usine de compostage

Le compostage est une dégradation microbienne de matières organique qui comporte une respiration aérobie intense avec libération de l'énergie. L'homme intervient pour maintenir des conditions d'aérobiose, de température et d'humidité convenable pour le développement des micro-organismes. Ces derniers décomposent les substrats organiques et contribuent à leur stabilisation. Il existe actuellement une trentaine de procédés de compostage qui se basent soit sur la fermentation lente, soit sur la fermentation accélérée.

Ce pendant, l'activité bactérienne peut être inhiber par les produits toxiques tels que les métaux lourds comme le cuivre, le zinc, le nickel ect.

Certaines composées organiques peuvent également être toxiques lorsqu'ils sont présents en grande concentration.

b- L'incération

Cette technique consiste à brûler les ordures ménagères dans un four spécialement adapté. Les gaz produits sont lavés et dépoussiérés avant d'être rejetées dans l'atmosphère. Les résidus solides de la combustion (mâchefers, cendres volantes) représentent 25% du poids des ordures ménagères et environ 10% en volume. Ils peuvent être de ferraillés (récupération de la ferraille), puis soit utilisés en remblais, soit évacuer vers les décharges.

Dans les grosses usines, il peut être intéressant de récupérer la chaleur dégagée sous forme de vapeur, soit pour le chauffage urbain, soit pour la production de l'électricité.

Les principales difficultés dans l'incération sont d'une part l'épuration efficace des fumées (il faut notamment éliminer le chlore provenant de la combustion du polychlorure de vinyle) et d'autre part le coût de l'investissement élevé. *(Source @ 6)*

2- Les traitements nouveaux
a- Compactage

Les déchets bruts sont comprimés à l'aide d'une presse hydraulique, sous la forme de blocs cubiques dont le volume représente 15 à 20% du volume initial. Les déchets ainsi compressés sont mis en décharge, à condition qu'ils soient en conformité avec les normes. En effet, les déchets doivent correspondre aux normes avant le compactage car cette opération ne pratique aucun traitement et ne supprime pas la nocivité éventuelle des déchets.

b- Pyrolyse ou distillation sèche

La décomposition thermique des matières organiques en l'absence d'oxygène est appelée pyrolyse. Cette technique peut s'appliquer aux déchets managers. Elle est généralement réalisée à température plus basse que celle préconisée en incinération et semble moins polluante que cette dernière.

Les sous produits peuvent être considérés comme des combustibles : gaz (hydrogène, méthane, oxyde de carbone, gaz carbonique), résidu liquide (acide, alcools, esters, etc).

Dans la pyrolyse, les poussières sont plus faciles à traiter qu'en incération puisque cette opération conduit à la réduction de la déperdition de matière et à la diminution des risques de pollution.

La complexité de cette technique est un frein à son application dans le domaine de traitement des déchets ménagers. Par contre, elle semble être bien adaptée au traitement d'un nombre important de déchets industriels minéraux ou organiques.

c- Hydrolyse

L'hydrolyse peut s'appliquer à différents déchets industriels : agroalimentaire, chimie, parfumerie, arome et aux déchets urbains. En effet, par hydrolyse acide, les matières cellulosiques sont clivées en molécules de glucose. Pour être efficace ce procédé (hydrolyse) doit être couplé avec un deuxième procédé qui récupéra le glucose, comme l'osmose inverse où sera transformer le glucose, grâce à des micro-organismes, pour obtenir à la fin des produits de chimie fine ou agroalimentaire : éthanol, acide acétique, butanol, acide lactique, acétone, glycérol, etc. *(Source@ 6).*

d- Biométhanisation

Il s'agit de la production du méthane par le processus de fermentation biologique anaérobie à partir de la fraction organique biodégradable contenue dans les ordures ménagères.

Les déchets solides subissent tout d'abord un pré-traitement classique avec broyage, séparation magnétique des métaux ferreux, séparation balistique et tris éventuel de quelques matériaux recyclables telle que : les matières plastiques, le bois, les métaux, etc.

Le matériau pré-traité est introduit dans un digesteur où il subit une fermentation anaérobie en régime mésophyle durant 10 à 15 jours. Le biogaz produit, qui est le méthane, est évacué vers un gazomètre de stockage puis peut être valorisé directement : industrie, cimenterie ou production d'électricité ou être traité avant d'être injecté dans le réseau du gaz urbain. *(Source @ 8)*

Chapitre II
Evolution des déchets au niveau d'une décharge contrôlée

I. INTRODUCTION

Le fonctionnement d'une décharge peut être assimilé à un réacteur bio-physico-chimique donnant lieu à des réactions et à des évolutions complexes qui aboutissent à la transformation chimique, physique et biologique des déchets. En effet, les conditions géologique et hydrologiques du site, de la nature des déchets stockés et du mode de gestion de l'exploitation ne permettent pas de déterminer avec précision un mode d'évolution qui serait applicable à tous les centres d'enfouissement. Ce pendant, certains phénomènes sont communs à la majorité des sites et peuvent être quantifiés, permettant ainsi de caractériser l'évolution générale d'une installation de stockage, en particulier en ce qui concerne les aspects biologiques, physico-chimiques, hydrauliques, géotechniques.

II. LES DECHARGES CONTROLEES ET LES CENTRES DE TRANSFERT

1- définitions

Une décharges contrôlée : c'est un site d'élimination des déchets par enfouissement et couverture ultérieur, sans intention de reprise ultérieure, en assurant le contrôle des émissions pouvant nuire à l'environnement.

Un centre de transfert : c'est un site permettant de recevoir des déchets pour assurer le transfert vers une décharge sur véhicule adapté au transport de déchets.

Un casier : *c'est une* zone à exploiter hydrauliquement indépendante, délimitée par une digue périphérique stable et étanche.

Une alvéole : est une subdivision d'un casier *(ANPE ; 2004)*.

2- Description d'une décharge contrôlée et dispositif de collecte des lixiviats :

Une décharge contrôlée est composée des casiers isolés hydrauliquement. Ils sont composés d'alvéoles, dans lesquelles sont entreposés les déchets.

Le fond du casier est nivelé de telle sorte que l'écoulement des effluents se fasse sans difficulté et qu'il n'y ait aucun obstacle (1% de pente).

Les casiers sont entourés de digues étanches construites avec de l'argile et recouvertes ensuite par une géomembrane qui est constitué d'une texture et de deux films en PEHD qui se caractérise par la résistance chimique et bactériologique, de plus son imperméabilité permet d'envisager une bonne isolation des casiers dans le temps au cours de son exploitation et après sa fermeture (fig.3).

Un casier, en générale a la forme d'un tumulus partiellement surélevé par rapport au terrain naturel et représente une hauteur de stockage généralement comprise entre 8 et 10 mètre.

Les casiers sont eux même, généralement, subdivisés en « alvéoles » séparés les une des autres par les diguettes ou de simple masque de terre.

Chaque casier ou alvéole est équipé d'un système de drainage des lixiviats et un système de collecteur des biogaz. *(ANPE, GTZ ; 2001)*.

a- Réseaux de drainages des lixiviats

Le réseau de drainage repose sur l'existence d'un ou de plusieurs collecteurs principaux, rectilignes, représentant chaque alvéole et dont la géométrie est la plus simple possible.

Le système de drainage se compose, à partir du fond de l'installation de stockage de :

- d'un réseau de drain permettant l'évacuation des lixiviats vers un collecteur principal, les drains ont un diamètre de 15 cm a fin de faciliter l'écoulement et d'être accessibles à l'entretenir,
- d'une couche drainante composé de matériaux siliceux d'une permiabilité supérieur à 10^{-4}m/s, préalablement lavés, d'une épaisseur minimale de 50cm par rapport à la perpendiculaire de la pente ;
- les flancs de l'installation de stockage doivent aussi être équipé d'un dispositif drainant facilitant le cheminement des lixiviats vers le drainage du fond.

Les collecteurs principaux de l'installation de stockage dirigent en permanence les lixiviats d'une façon gravitaire vers les bassins de stockage correspondant. Dans le cas d'une impossibilité technique d'évacuation gravitaire, les lixiviats arrivent dans un plusieurs puisards dimensionnés et étanches d'où ils sont pompés automatiquement et dirigés vers les bassins de stockage. *(Source @17)*

b- Collecteurs du biogaz

Les casiers contenant des déchets sont équipés d'un réseau de drainage des émanations gazeuses. Ce réseau est conçu et dimensionnée pour capter de manière optimale le biogaz et le transporter de préférence vers une installation de valorisation ou vers une installation de destruction par combustion (fig.3). En effet, la collecte du biogaz est assuré par :

➢ **des puits verticaux** qui doivent être montés par progression au fur et à mesure de l'exploitation. Si nécessaire, des puits complémentaires peuvent être réalisés par forage dans la masse des déchets, en fin d'exploitation de alvéole.

Toutes précautions doivent être prises pour éviter les accidents, notamment en assurant :

- le comblement des fissures pouvant se produire dans la couverture ;
- la vérification de la composition des gaz et de l'état des conduites ;
- l'évacuation de l'eau de condensation aux points bas du réseau de collecte.

Dés que la composition du gaz dans chaque puits le permettra, le biogaz sera évacué et éliminé dans l'installation de combustion prévue à cet effet.

➢ **des drains horizontaux** : le dégazage par ces puits peut être complété par un réseau de drains horizontaux, convergent vers les têtes de réseau sont reliées au collecteur de gaz.

Collecteur et conduite de transport : ils sont dimensionnés en fonction des pertes de charge, leur diamètres doit être de 150mm au moins. Ils doivent permettre l'écoulement des condensât vers les puits de purage.

L'opération du traitement des déchets solides commence par la collecte du déchet ménager et assimilé qui est généralement acheminés par des tracteurs vers les points de prise en charge ou centres de transfert qui sont des points de dépôt provisoire (séjour de 1 à 2 jours). Les déchets, sont ensuite transportés dans des camions jusqu'à la décharge.

L'efficacité de la gestion de la décharge contrôlée et les projections sur sa durée de service dépendent de la quantité de déchets qui y sont enfouis *(Source @ 16)*.

Donc il est nécessaire de classifier et de peser toute les livraisons (ou calculer leur volume). On peut exclure de cette règle les pneus, qui sont plus simple de les compter et les petites quantités apportées par les particuliers dans leurs voitures par lesquelles une estimation suffit. Le poids, le volume et catégories sont intégrés dans le projet final de l'installation et servent de base pour la mise au point du système de gestion financière.

Pour calculer la quantité des déchets mis en décharge contrôlée, il y a installation d'un pont-bascule, permettant de peser les véhicules pleins à l'entrée (poids brut) et vide à la sortie (tare ou point à vide), la différence entre ces deux mesures, est le poids de la livraison (poids net). Cette méthode de mesure signifie que, du matin jusqu'au soir, tous les véhicules entrants et sortant doivent être pesés.

L'opération de la gestion des déchets solides au niveau de la décharge commence par les opérations de tri autorisé pour mettre de côté les matériaux recyclables comme les plastiques, les cartons ect.

Le reste des déchets seront étalés au sein d'une alvéole et compactés par couche de 0.5 m d'épaisseur, de ce faite l'engin de compactage passe de deux à cinq fois par couche ensuite la couche de déchets est recouverte d'une couche de terre fine et homogène qui sera à son tour compactée. L'ensemble compacté déchets/terre constitue une alvéole. Un groupe d'alvéoles adjacentes et de même hauteur forme un casier.

Les dimensions d'une alvéole sont limitées de 2000 à 2500 m^2. La surface exploitée par jour dépend du flux journalier des déchets, elle est limitée en surface pour éviter une consommation importante de terre de couverture journalière.

Le casier a une hauteur variable de 10 à 50 mètres. Le plan de remplissage se conçoit par tranche de 10 mètres de haut.

Une fois le casier rempli (au bout de 2 ans à 4 ans) il sera aussi tôt encapsulé.

En effet, dés la fin de comblement d'un casier une couverture finale est mise en place pour limiter les infiltrations dans les déchets et limiter les infiltrations d'eau vers l'intérieur de l'installation de stockage.

La couverture présente au moins une pente de 5%, sans provoquer des risques d'érosion de la couverture en place, permettant de diriger toutes les eaux de ruissellement vers le fossé latéral de collecte.

La couverture a une structure multicouches et se compose, selon le caractère évolutif des déchets du bas vers le haut de :

- d'une couche drainante participant à la collecte et au captage du biogaz et dans laquelle se situe le réseau de drainage et de captage ;
- d'un écran semi-imperméable réalisé par des matériaux naturels argileux remaniés et compactés sur une épaisseur d'au moins un mètre ou tout dispositif équivalent assurant la même efficacité ;
- d'une couche drainante permettant de limiter les infiltrations d'eau météoriques dans le stockage ;
- d'un niveau suffisant de terre permettant la plantation d'une végétation favorisant l'évapotranspiration.

Cette technique d'exploitation présente des avantages intéressants dans la mesure où elle permet d'avoir un coût d'investissement et de fonctionnement relativement faible par rapport à l'incinération, les collectivités locales auront un moyen d'éliminer les déchets dans les conditions financières satisfaisants. De plus, elle permet de maintenir une certaine qualité pour les paysages. Tout en limitant nuisances et les risques de pollution.

(Source @ 17)

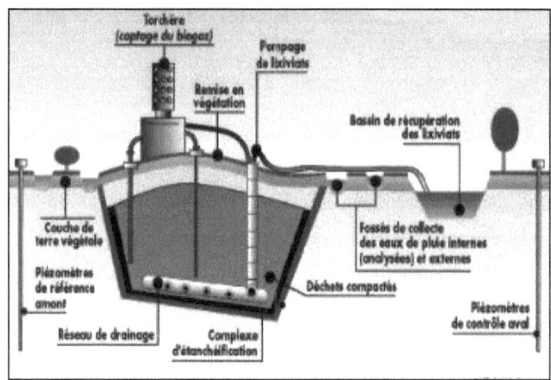

Fig. 3 - Principe de fonctionnement d'un centre de stockage des déchets ménagers (STIA) *(source@ 5)*

3- Descriptions d'un centre de transfert :

Le principe du centre de transfert des ordures ménagères se base sur l'acheminement des déchets collectés vers un lieu temporaire pour être ensuite transportés de nouveau, avec des moyens plus adaptés vers les décharges contrôlées.

L'établissement d'un centre de transfert trouve sa justification si la décharge est éloignée de la zone de collecte. Il sera préférable d'installer un centre de transfert aux environs d'une commune par exemple.

La classification des centres de transfert est basée en général sur la capacité, ils doivent répondre aux exigences suivantes :

- accueil des véhicules de collecte ;
- identification et enregistrement ;
- formalités de pesée et caractérisation ;
- contrôle et inspection des déchets ;
- déchargement ;
- évacuation.

Pour une bonne gestion d'un centre de transfert et une meilleure connaissance des déchets reçus et ceux évacués, il est nécessaire de maintenir une comptabilité au niveau des entrées (identification, type, ect) et des procédures d'acceptation seront adoptées (enregistrement, contrôle, adaptation, ect).

III. EVOLUTION DES DECHETS STOCKES DANS UNE DECHARGE CONTROLEE

1- Evolution des déchets dans la décharge

Les matières qui entrent dans un centre de stockage sont : les déchets, les eaux météoriques et les matériaux constitutifs de l'installation et qui ont une grande influence sur la qualité et la quantité des flux sortant.

En effet, les eaux météoriques s'écoulent à travers la masse des déchets, avec une vitesse et un débit qui dépend de la porosité, de la perméabilité et de l'épaisseur du milieu, elle favorise la biodégradation des matières organiques fermentescibles et produisent des lixiviats en se chargeant de substances organiques ou minérales provenant des déchets ou des produits de la dégradation des déchets

2- Evolution biologique

Le principal facteur susceptible de contribuer à l'évolution des déchets est la biodégradation de la matière organique fermentescible en des formes solubles et gazeuses. Cette dégradation par des micro-organismes comme les champignons et les bactéries débute par une fermentation aérobie.

Après épuisement en quelques semaines de l'oxygène présent dans le massif de déchets, apparaît la phase anaérobie entraînant la formation de biogaz et de métabolites organiques ou minéraux solubles dans l'eau.

La dégradation anaérobie de la matière organique est le métabolisme prédominant dans les décharges.

Il s'agit d'un processus microbiologique et biochimique complexe mettant en œuvre de nombreuses espèces bactériennes, transformant à terme la matière organique fermentescible principalement en méthane et gaz carbonique. Selon le substrat utilisé par les bactéries et les produits libérés, on peut distingué les différentes phases successives dans la dégradation anaérobie qui sont basés sur les variations qualitatives et quantitatives des lixiviats et des gaz produit. *(source@1)*

IV. LES EMISSIONS
1- les lixiviats
a - Définition

Les lixiviats, appelés familièrement « jus de décharge », sont le résultat de la percolation des eaux météoriques à travers des déchets, avec ce processus, les eaux se chargent mécaniquement et surtout chimiquement en substances minérales et organiques.

Ces effluents constituent une source de nuisance qui vient s'ajouter aux nombreux problèmes de contamination du milieu naturel s'ils ne sont pas traités avant le rejet.

b- La production des lixiviats

Les lixiviats se forment au fur et à mesure que l'eau percole à travers les déchets. Ils dissolvent les constituants organiques et minéraux, au gré des variations du potentiel acide et rédox, cette production dépond de plusieurs facteurs:

- l'hydrogéologie du site ;
- l'âge de la décharge ;
- le technique de mise en décharge ;
- le degré de compactage ;
- l'épaisseur de la couche des déchets ;
- des précipitations ;
- la vitesse d'infiltration des eaux à travers des déchets.

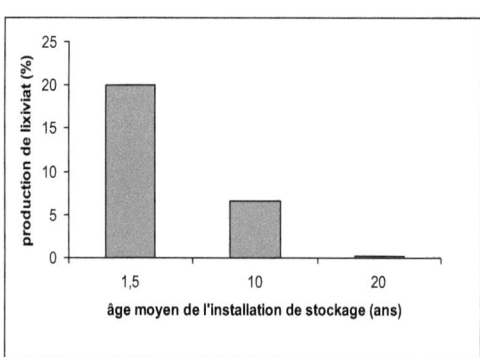

Fig. 4 - Evaluation de la production des lixiviats en fonction de l'âge moyen de l'installation de stockage ADEME

L'ADEME a permis d'évaluer la production de lixiviats exprimée en pourcentage de la pluviométrie en fonction de l'âge du déchet.

- La première phase correspond à des alvéoles non couvertes en cour d'exploitation. L'âge de la décharge est environ 1,5 an et la production des lixiviats est de l'ordre de 20% (presque ¼) de la pluviométrie.
- La deuxième phase correspond à des alvéoles avec des couvertures imperméables, intermédiaires ou non couvertes, l'âge de la décharge est environ 10 ans et la production des lixiviats est de l'ordre de 6,6% de la pluviométrie.

La troisième phase correspond à des alvéoles dont les couvertures sont imperméables, les infiltrations dans les déchets sont très limitées ainsi la quantité de lixiviats produite est de 0,2% de la pluviométrie. *(Source@ 1)*

c - Origine de la pollution des lixiviats

Les déchets urbaines comprennent une vaste gamme de molécules organiques et minérales qui peuvent, dans le cas de mise en décharge, aboutir à des mélanges très complexes et reflète la composition des lixiviats.

En plus, il faut prendre en compte les facteurs chimiques, les phénomènes biologiques et physico-chimiques susceptibles d'intervenir.

d - Processus mis en jeu dans la formation de lixiviats

Une décharge se comporte donc comme un bioréacteur en évolution aérobie puis anaérobie se superposent.

La formation de lixiviats met en jeu des mécanismes physico-chimique et biologique :

- les mécanismes physico-chimiques : évolution du pH, du pouvoir tampon, de la salinité, du potentiel d'oxydoréduction et de la température des solutions percolant à travers les déchets. Ces solutions mettent en œuvre des mécanismes chimiques de solubilisation, complexation, oxydoréduction, adsorption, neutralisation et transfert de matière ;
- les processus biologiques aérobies et anaérobies grâce à l'action biochimique des enzymes secrétées par les microorganismes du milieu, la fraction organique des déchets sont dégradés.

La nature, la composition des déchets et leur porosité jouent également un rôle sur la cinétique des différents processus chimiques et biologiques mis en jeu.

Les composés de dégradation obtenus (acides aminés, acides gars volatils, aldéhydes, bicarbonates, carbonates, nitrates, ammonium, sulfure) réagissent avec les autres déchets pour induire des réactions de dissolution ou de précipitation, d'acidification et de complexation qui participent à la stabilisation des déchets.

e - La charge polluante des lixiviats

Les lixiviats comportent en général quatre principaux types de polluants :
- de la matière organique, dissoute ou en suspension colloïdale, DCO. Elle inclut la pollution engendrée par les acides gras volatils, en particulier hors de la phase acide de stabilisation du lixiviat et par d'autres matières organiques réfractaires, comme les substances de type humique au cours de la stabilisation ;
- des composées organiques, spécifiques anthropiques d'origine domestique ou provenant de l'industrie chimique, présente en faible concentration (en générale < 1mg/l). Ce sont principalement des variétés d'hydrocarbures aromatiques, des phénols, de composés aliphatiques chlorés ect ;
- des composés minéraux majeurs tels que : Ca^{2+}, Mg^{2+}, Na^+, NH_4^+, Fe^{2+}, SO_4^{2-}, ainsi que des borates et des sulfites ;
- des cations de métaux lourds, à l'état de trace en général (Cr, Co, Cu, Cd, Ni, Zn, Hg), sous la forme de complexes par des liants minéraux (HCO_3^-, Cl^-, SO_4^-) minéraux (HCO_3^-, Cl^-, SO_4^-), ou organique (macromolécules de type humique et fulminiques.

Les différentes phases d'évolution d'une décharge permettent de déduire que la quantité de lixiviats qu'elles génèrent est fonction de l'état de dégradation des déchets qui y ont été déposée. Etant donné la diversité de la composition des déchets admis en décharge, il est difficile de connaître la composition type des Lixiviats *(Sarrazin, (GTZ).*

f - Evolution de la composition des lixiviats

La composition des lixiviats varie en fonction de l'âge de la décharge. Le rapport de biodégradabilité (DBO5/DCO) est de l'ordre 0,6 pour les décharges jeunes, il deminue avec le temps, pour les décharges plus anciennes.

En général, les lixiviats issus de déchets jeunes sont caractérisés par une forte charge organique, une biodégradabilité moyenne et une teneur élevée en métaux.

Les lixiviats vieux, ont une charge organique assez faible, une biodégradabilité très réduite et une faible teneur en métaux.

De plus avec le temps, la part des acides carboxyliques passe de 80% à 30% de la charge organique. De même, la teneur en métaux tend à baisser.

Cette évolution s'accompagne d'une élévation du pH et d'une augmentation des composés de faible poids moléculaires.

L'évolution à terme des déchets stockés, produit un mélange gazeux de méthane et de dioxyde de carbone (biogaz) et des liquides (lixiviats), qui peuvent avoir un impact important sur l'environnement (émission dans l'air et contamination des nappes phréatiques). En effet, la production des lixiviats est plus importante au début de l'exploitation d'un casier d'une décharge, elle tendre à diminuer au fur et à mesure de la mise en place des couvertures à différents niveaux.

Il y a donc trois types de lixiviats selon les évolutions de l'exploitation d'une décharge (tableau.2) :
- les jeunes (<5ans) ;
- les intermédiaires (5-10ans) ;
- les stabilisés (>10ans) *(GTZ ; 2004)*.

Tableau.2 - La composition des lixiviats et leur degré de biodégradabilité en fonction de l'âge de la décharge

Lixiviats	jeunes	intermédiaires	Stabilisé
Age de la décharge	< 5 ans	5 à 10 ans	> 10ans
pH	<7	Environ 7 ans	>7
DCO	> 20	3 à 15	Faible<2
Biodégradabilité DBO5/DCO	Moyenne > 0.3	Assez faible 0.1<x<0.3	Très faible <0.1
Charge organique	Prédominance des acides gras volatils	Réduction des acides gras volatils	Prédominance des molécules a haut poids moléculaires

2- Le biogaz
a - Définition

On appelle « biogaz » le gaz malodorant, issu de la fermentation des déchets stockés et compactés. Il est composé essentiellement de méthane et de dioxyde de carbone.

Dans un centre de stockage, le biogaz est aspiré au cours du massif de déchets, par un réseau de captage mis en dépression. Il est alors dirigé vers une installation d'incinération, sur site, appelée « torchère » (fig.3).

b - Composition et caractéristiques du biogaz

Une décharge d'ordures ménagères présente, dans le temps, différentes phases d'évolution au cours desquelles la composition des gaz émis par les déchets varie (fig.5). Au départ, lors de courte phase aérobie (I), l'oxygène et l'azote de l'air ainsi que le principal produit de dégradation de la matière organique fermentescible, le gaz carbonique (CO_2), sont les composants essentiel. Lors de deuxième phase (II) au cours de la quelle ont lieu l'hydrolyse, l'acidogenèse et l'acétogenèse, il y a production d'acides gras volatils, d'alcools, d'ammoniac, de CO_2 et de H_2. Au cours de la troisième phase (III), la méthanogénèse démarre, parallèlement le taux le taux de CO_2 diminue et les autres gaz ou produits volatils majeurs disparaissent. La quatrième étapes (IV) est appelé phase méthanogénèse stable et dure plusieurs années au cours lesquelles la production de méthane atteint son maximum. Dans une dernière phase (V), la production de biogaz chute pour cesser au profit d'un retour des conditions aérobies.

Au cours de la phase méthanogène stable, lorsque l'anaérobiose s'installe durablement, les deux composants principaux du biogaz sont le méthane (CH_4) et le gaz carbonique (CO_2). Toutefois, il faut signaler que leurs teneurs respectives peuvent varier dans de fortes proportions. En effet, compte tenu des conditions imparfaites de la dégradation de la matière organique fermentescible au sein de la décharge, la méthanisation ne s'effectue pas toujours idéalement, car dépendant de nombreux facteurs qui peuvent inhiber ou au contrairement favoriser la production de biogaz. Parmi ces facteurs, on peut citer la teneur en eau, la température, le pH, le rapport C/N ou encore la présence d'oxygène, les polluants chimiques, la granulométrie des déchets, la pression ect.

Mais surtout, la production et la qualité du biogaz sont entièrement dépendantes de la qualité des déchets.

La majeure quantité de biogaz est produite pendant les dix premières année
- de 6 mois à 2 ans : établissement de la production du biogaz,

- de 2 à 5 ans : la production atteint un pic et se stabilise à un niveau élevé,
- après 5 ans : la production décline mais se poursuit à un niveau plus bas pendant plusieurs décennies avec une composition qui tend à se stabiliser,
- après 10 ans : 50% de la production totale de biogaz reste encore à réaliser.

On admet que la production moyenne annuelle de biogaz est de 200m^3 par tonne de déchet, elle peut varier de 100 à 400 m^3 par tonne de déchets. *(Source@ 9)*

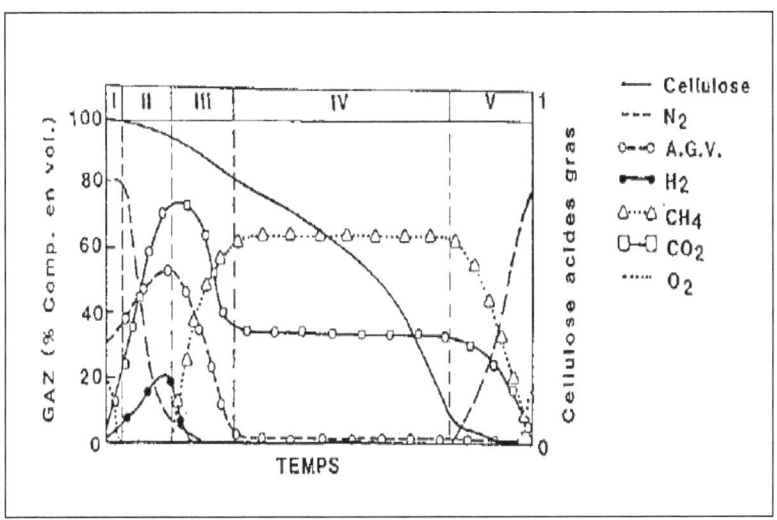

Fig. 5- **Modèle de production et de composition globale de gaz dans un centre de stockage des ordures ménagères selon l'évolution de la matière organique** *(source@ 9)*

c - Les caractéristiques du biogaz

Le biogaz se caractérise par les propriétés suivantes (tableau.3) :
- combustible, le méthane étant le principal combustible (gaz naturel) contenu dans le biogaz, ce dernier a un pouvoir calorifique proportionnel à sa teneur en CH$_4$,
- odorant : si le méthane et le dioxyde de carbone sont peu odorants, le biogaz est composé d'autres éléments présent sous forme de trace, particulièrement malodorant, tels que les mercaptans ou le sulfure d'hydrogène (H$_2$S) ;

- explosif : le biogaz peut exploser sous l'effet d'une étincelle lorsque la teneur en méthane est comprise entre 5 et 15%, celle de l'oxygène entre 15 et 20% pour un taux de dioxyde de carbone ne dépasse pas 25%,
- corrosif : les composés soufrés et l'humidité sont corrosifs. Le biogaz doit donc être capté avec du matériel adapté, en outre il contribue par sa composition à l'augmentation de l'effet de serre *(ADEME ; 1996)*.

Tableau.3 - Principaux composées du biogaz, proportion et caractéristiques (ADEME, 1996)

Gaz	Concentration (en % de volume)	Limites explosivité dans l'air	Propriétés
Méthane CH_4	0-85	Entre 5 et 15	Sans odeur, sans couleur, non toxique, inflammable, explosif
Dioxyde de carbone CO_2	0-85		Sans odeur, sans couleur, non toxique à faible concentration
Oxygène O_2	0-30		Sans odeur, sans couleur, non toxique
Azote N_2	0-80		Sans odeur, sans couleur, non toxique, non inflammable
Monoxyde de carbone CO	0-5	Entre 12 et 74	Sans odeur, sans couleur, toxique, inflammable
Hydrogène H_2	0-4	Entre 4 et 74	Sans odeur, sans couleur, non toxique, inflammable
Hydrogène sulfuré	0-70ppm	Entre 4 et 45	Malodorant, sans couleur, toxique

d - La maîtrise des flux de biogaz

Cette maîtrise passe par la mise en place d'un réseau de collecte et des installations de combustion avec ou non récupération de l'énergie. Elle permet de protéger l'environnement avec une réduction des émissions de substances olfactives ou toxique et la limitation de l'effet de serre lié à la présence de méthane et de dioxyde de carbone.

Elle a pour but également d'assurer la sécurité du site car le méthane est moins dense que l'air, circule sous terre en suivant les fissures et remonte à la surface ou bien s'accumule dans les cavités et sa présence crée alors des risques d'incendie et d'explosion.

La collecte et le transport de biogaz sont effectués par des conduites capables de résister aux contraintes mécaniques, aux tassements différentiels autour des puits et aux agressions chimiques et biologiques.

Une extraction active de biogaz avec un ventilateur ou un compresseur est souvent mise en place sur le site. Les puits de captage sont désormais montés au fur et à mesure de l'élévation du niveau des déchets par forage dans l'alvéole comblet. Le maillage en réseau permet de récupérer un maximum de biogaz et on peu atteindre des taux de récupération supérieur à 80%.

Le traitement de biogaz par combustion est fait par l'intermédiaire d'une torchère dont il existe actuellement deux :

- la torchère à combustion externe ou la flamme dépasse le fût et dans laquelle le gaz est incinéré à une température de 800 à 850°C,
- la torchère à combustion interne où la flamme se situe dans un fût de 6 à 8 mètres de haut et dans laquelle le gaz est incinéré à environ 1000°C, le temps de rétention du gaz est supérieur à 0,3 secondes, ce qui permet une destruction complète des hydrocarbures halogénés. *(source@16)*

V. LES NUISSANCES CAUSEES PAR UNE INSTALLATION DE STOCKAGE

1- Contrôle des bruits et des odeurs

Le bruit et les odeurs peuvent être maîtrisés grâce à une bonne gestion et un bon entretien du matériel.

Le bruit causé par les engins de chantier et les camions peut être atténué de faut planter sur le périmètre aussitôt choisi l'implantation du site, on peut utiliser la terre stockée pour former une berme qui sépare les riverains de la zone de travail.

Le bruit émis par les engins sera moindre si le matériel est bien entretenu, et s'il est équipé de silencieux et de tuyaux d'échappement en bon état.

L'émission d'odeurs propre à toute décharges contrôlées de déchets urbains est due :

- d'une part aux ordures fraîche ;
- d'autre part à la fermentation des déchets.

Le recouvrement périodique et systématique des déchets à l'aide des produits non évolutifs permet de limiter les nuisances olfactives et détecter les fissures que se créées dans la couche de couverture par séchage. Lorsque il y a des odeurs désagréables, c'est que l'opération de recouvrement à été mal faite, et du lixiviat et du biogaz est en train de se répandre.

2- Génère des poussières, papiers, envols divers

La circulation des camions, bennes et engins de chantier sur le site de décharge contrôlée constamment de la poussière qui reste suspendue dans l'air. En période estivale sèche, et quelque fois à d'autres moments de l'année aussi, cette présence de la poussière peu poser des graves problèmes et un programme de lutte est indispensable.

La poussière provoque une usure excessive du matériel, porte atteinte à la santé du personnel travaillant sur le site, cause des nuisances pour les riverains, cause certains accidents, provoque des allergies et en fin, provoque le mécontentement du public.

La méthode de lutte la plus courante est l'arrosage des voies de circulation dés que cela devient nécessaire.

L'arrosage ne doit pas être abondant au point de provoquer des problèmes de boues, mais il doit être suffisant pour éviter la pollution atmosphérique au-dessus et autour de la décharge.

On peut aussi répandre du chlorure de calcium sur les voies, appliqué en solution, ou sous forme de poudre ou de granulés. Ce produit à la propriété d'absorber l'humidité ambiante, et de durcir la chaussée, donc de réduire le niveau de la poussière, l'usage des veilles huiles de vidanges pour répandre sur les routes est à proscrire.

Elle sont nuisibles pour l'environnement, et doivent être recyclées selon les méthodes appropriés et sûres pour l'environnement.

Les papiers et les emballages plastiques qui s'envolent hors de la décharge, sont portés par le vent et se déposent partout dans la décharge et autour, jusque dans les arbres. Cette nuisance se produit aussi en route, lorsque les camions ne sont pas bâchés ou sont mal fermés.

Une bonne mesure à pendre est d'obliger les usages de la décharge contrôlée à bâcher leurs camions, en imposant des droits d'accès plus sévères aux camions ouverts.

L'exploitant du site de décharge doit veiller à ce que tous les détritus soit ramassés tous les jours, y compris ceux qui sont arrachés dans les clôtures. Le ramassage doit être régulièrement aussi sur les terrains environnants.

3- Lutte contre les animaux

Les animaux peuvent causer beaucoup d'inconvénients pour les habitants, et constituer un problème de santé publique, si une lutte efficace n'est pas menée. Les mouches et les moustiques sont les deux vecteurs les plus préoccupant, parce qu'ils sont gênants. Les mouches sont les vecteurs de maladies alimentaires telle la salmonelle, en transportant les bactéries de la décharge aux aliments.

Les moustiques se reproduisent dans l'eau stagnante dans les mares ou des creux qui se forme dans les déchets s'ils ne sont pas bien compactés et recouverts et qui sont porteur de maladies telles que l'encéphalite et le paludisme. La lutte passe par le compactage et le recouvrement ainsi que l'élimination systématique de tous creux ou interstices où l'eau peut stagner et ouvrir un lieu de ponte aux moustiques *(GTZ ; 2000)*.

Les rats et les autres rongeurs répandent des maladies telles que la rage, le typhus et la peste. Les rongeurs pénètrent dans le site soit dans un chargement de déchets, soit en migrant des terrains voisins et y restent s'ils trouvent de la nourriture, de l'eau, des abris. Le compactage, la couverture quotidienne et la gestion des travaux de manière à évacuer les accumulations d'eau élimineront ces ressources recherchées par les rongeurs. Cependant, si le site continue d'être infesté on utilise de raticide ou de pièges à rongeurs et les responsables du site doivent placer des panneaux d'avertissement, à l'intention des agents et de toutes les personnes habilitées à la décharge contrôlée.

4- Prévention d'incendie

Quand un incendie se déclare sur un site de décharge contrôlée, il est très difficile à éteindre à cause de l'absence d'eau.

Un feu peut commencer par un papier qui touche un pot d'échappement brûlant, ou par des braises dans des cendres ou des mâchefers, ou par l'acte d'un chiffonnier. Les feux à ciel ouvert dans les décharges contrôlées sont maintenant interdits à cause de la pollution atmosphérique qu'ils causent. Ils ne sont compatibles avec les pratiques de traitement des déchets dans les décharges contrôlées. Il faut donc interdire d'y brûler quoi que ce soit. On peut réduire le risque d'incendie en stockant les pneus dans une zone à part.

Les feux involontaires ou débuts d'incendies sont plus fréquents en hiver parce que les camions bennes apportent des résidus de chauffage, qui contiennent des braises.

Le compactage et couverture sont le meilleur moyen d'éviter les incendies, aussi les agents du site doivent toujours être attentifs aux début d'incendie qui peut être éteint soit par le terre, soit de l'eau. La terre est plus efficace, s'ils n'arrivent pas à maîtriser l'incendie, ils doivent appeler les pompiers à leurs secours *(ANPE ; 2000)*.

2- Le colmatage des systèmes de drainages

Lorsque le système drainant est colmaté, le lixiviat s'accumule au font du casier et la hauteur de lixiviat s'élève. La pression s'accentue sur la géomembrane, ce qui renforce les fuites.

En effet, une géomembrane neuve n'ai jamais imperméable et elle peut présenter une dizaine de trous par hectare ce qui permet les fuites du lixiviat et son accumulation au niveau de géomembrane.

L'accumulation du lixiviat entraîne le ralentissement de la biodégradation est ralentie, il faut alors plus de temps aux déchets pour devenir inerte, c'est-à-dire « non dangereux » pour l'environnement et la géomembrane vieillit rapidement et ses capacités diminuent. Il vaut mieux que la biodégradation se produise tant que la géomembrane est jeune et qu'elle possède encore des performances optimales.

Lors du colmatage, la matière colmatante va progressivement enrober les granulats, sable ou gravier qu'elle va lier. La couche drainante perd progressivement de son efficacité pour finir par devenir complètement imperméable.

La matière colmatante est constituée de matière organique (30%), c'est le dépôt bactérien ou biofilm et de matière minérale (70%), ce sont les précipités de carbonates et de sulfures. Les sulfures de fer représentent le ¼ des précipités minéraux et qui proviennent de la dégradation de la matière organique riche en acides aminés soufrés.

Les ¾ des précipités sont des carbonates de calcium, de manganèse ou de fer. Ces carbonates proviennent du gaz carbonique émis par les bactéries et du calcaire issu des déchets. Ce calcaire provient principalement des déchets de démolition, acceptés dans de nombreuses décharges ou même utilisées comme matériaux de recouvrement.

Le colmatage débute dés les premiers instants de fonctionnement d'une décharge. C'est la phase d'adhésion bactérienne qu'il est possible de distinguer en deux étapes :

- la première étape est dite passive puisqu'il s'agit d'une adhérence physico-chimique liée aux forces électrostatiques et hydrostatiques et l'hydrophobicité des surfaces bactériennes et des matériaux drainant. Cette étape est instantanée et réversible.
- la seconde étape peut prendre plusieurs jours et est irréversible, les bactéries produisent des molécules de nature polysaccharidique à forte capacité

d'adhésion. Le biofilm est alors fermement maintenu sur les granulats, la partie organique de matière comatante est maintenue constitué. A ce stade, il est possible d'envisager un détachement enzymatique des bactéries par diverses enzymes.

Alors que l'enrobement minéral du granulat va prendre plus de temps, il devient apparent à l'œil nu après 2 ans de fonctionnement de la décharge.

En réalité, le colmatage minéral débute beaucoup plus tôt, dés que les conditions du milieu fluctuent (pH, température, force ionique), les carbonates et les sulfures précipitent. Les premiers précipités se forment quand la phase acide est achevée, soit à partir de 2 à 6 mois de fonctionnement du casier.

Les précipitations commencent avant que les bactéries aient terminé d'enrober des grains et elles s'intensifient quand le biofilm est constitué. Elles jouent alors le rôle de catalyseur de surface. Les précipités de carbonates et de sulfures enrobent bientôt le biofilm et diminuent la porosité de la couche drainante *(ANPE ; 2004)*.

☛ la lutte contre le colmatage :

Actuellement, le seul traitement préconisé pour diminuer le colmatage est l'utilisation de gravier plutôt que du sable parce que ce dernier est plus facilement colmaté que les graviers.

Pour éviter le colmatage, il ne faut pas mélanger les déchets de démolition avec les déchets ménagers organiques pour réduire la quantité de déchets fermentescibles qui induisent la prolifération des bactéries.

Autre solution, le diagnostic du colmatage par la modélisation. Actuellement le Cemagref met au point un modèle hydraulique qui permettra de prévenir et de diagnostiquer un colmatage. Le modèle est basé sur un modèle de drainage SIDRA qui est une stimulation du drainage agricole *(GTZ ; 2004)*.

Chapitre II:

Gestion des décharges contrôlées: cas de la décharge de Borj Chakir

I. INTRODUCTION

Une gestion inappropriée des déchets solides est l'une des principales sources de dégradation de la qualité de la vie, cette dégradation se manifeste aussi bien en milieu urbain qu'en milieu rural. En milieu urbain, les poubelles individuelles, les poubelles collectives et les dépotoirs aux coins de rues ou sur les terrains vagues sont souvent source de nuisance, d'émanation de mauvaise odeur et de prolifération d'insectes et de rongeurs. D'où l'intérêt de maîtriser la précollecte et la collecte des déchets, cette maîtrise est conditionnée par une planification rigoureuse de l'ensemble des activités avec les différents partenaires concernés, mais également chose capitale une implication réelle de la population.

En milieu rural, les décharges sauvages encore largement répandues ainsi que les rejets dans la nature au niveau des oueds, des Sebkhas ou directement sur les terrains agricoles causent de sérieuses dégradation de l'état des ressources naturelles et sont de ce fait à l'origine de la contamination d'une partie plus ou moins importante de la chaîne alimentaire.

Heureusement, les programmes d'aménagement de nouvelles décharges contrôlées en substitution des dépotoirs sauvages sont en cours d'achèvement et des progrès notables seront enregistrés à ce niveau. C'est dans ce cadre est réalisé la décharge contrôlée de Borj Chakir pour éliminer les dépotoirs sauvages comme la décharge de Henchir El Yahoudia qui représenté une menace sur le milieu environnant et sur la santé du citoyen.

II. CADRE GEOGRAPHIQUE DU SECTEUR D'ETUDE

Le centre de traitement de déchets de Borj Chakir est situé dans le gouvernorat de Tunis à l'Est de la ville Mornaguia. Il est à mi-chemin entre les villages d' El Attar et Bir El Jazzar distants respectivement de 1.5km et de 1km (fig. 6).

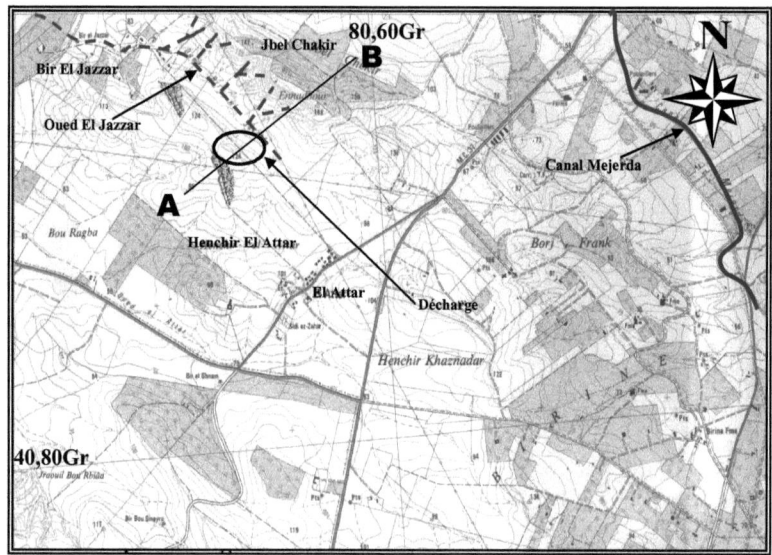

Fig. 6 – Extrait de la carte topographique Tunis Sud-Est à l'échelle 1 /25000

III. CADRE CLIMATIQUE

Le climat du district de Tunis est typiquement méditerranéen, les précipitations très variables d'une année à l'autre, sont de l'ordre 356 mm, elles tombent de septembre en mai. Ces précipitations sont souvent de caractères brefs et torrentiels. L'évapotranspiration est grande, elle est favorisée par une insolation et une chaleur élevée et des vents forts. Tous les paramètres climatiques sont mesurés pendant l'année 2005.

1- Pluviométrie

Les données pluviométriques sont fournies par la station Tunis-Carthage qui constitue la station la plus représentative et la plus proche de la décharge.

La représentation de la pluviométrie à l'échelle mensuelle et saisonnière est représentée dans le tableau.4.

Tableau.4 - Répartition mensuelle et saisonnière de la pluviométrie de la station Tunis-Carthage

Saison	Automne			Hiver			Printemps			Eté		
Mois	S	O	N	D	J	F	M	A	M	J	J	A
Moy. mensuell(mm)	27,3	10,7	38,8	93,9	56,2	103,1	40,5	50,9	9,7	4,5	2,8	17,6
Moy. de la saison (mm)	66,8			163,2			101,1			24,9		

2- **La température**

Le grand Tunis appartient à un domaine à régime climatique méditerranéen avec deux saisons contrastées chaude et froide. La température annuelle moyenne est de l'ordre 10°C avec une moyenne minimale de 19°C et une moyenne maximale 31°C de La durée d'insolation pour le grand Tunis est de 332j/an. Les variations mensuelles des températures, de la station météorologique de Tunis-carthage figure dans le tableau.5.

Tableau. 5 - Température mensuelle de la station Tunis-Carthage

Mois	S	O	N	D	J	F	M	A	M	J	J	A
Moy.	15,7	14,2	5,2	3,4	1,6	3,3	3,4	7,8	11,2	15	19,81	19,41
Moy. max	36,8	30,5	28,1	21,9	17,7	20,2	28	29	33,6	39,2	43	41,8
Moy. min	24,9	21,5	17	12,6	10,8	10,3	14,3	16,8	21,7	25,8	28,5	27,7

3- **Evaporation**

L'évaporation annuelle calculée par la station météologique de Tunis-Carthage est de 1640.500 mm. La répartition mensuelle est saisonnière de l'évaporation est donnée par le tableau suivant.

Tableau.6 - Evaporation mensuelle de la station Tunis-Carthage

Mois	S	O	N	D	J	F	M	A	M	J	J	A
EV (mm)	152,6	113,4	100,3	80,5	64	70,1	101	112,4	192,9	200,1	233,4	219,8

II. CADRE GEOLOGIQUE

Le site de décharge de Borj Chakir est situé à l'Est de la ville de Mornaguia, et à l'extrémité Sud-Est de la structure de Jebel Sidi Salah. Cette dernière acquière la forme arquée (Fig.8) avec une concavité tournée vers le Nord-Est. Géométriquement cette structure, de Jebel Sidi Salah, apparaît comme un monoclinal dont les couches sont orientées suivants des directions allant de N45 à N160 et plongeant vers le Nord-Est. L'ossature de la structure est formée par les calcaires à globigérine de l'Eocène inférieur. Ces derniers sont discordants sur les différents termes du Sénonien à savoir les argiles santoniennes et les calcaires massifs blancs du Campanien. Le Maastrichtien et le Paléocène font défaut et n'affleurent pas. L'ombélic de la structure est formée par les alternances de grès et d'argiles de l'Oligocène.

Le site de décharge est bâti sur les argiles vertes du Santonien formant une combe dans la topographie. Il est traversé par l'Oued de Bir El Jazzar *(Chalbi ; 2007)*

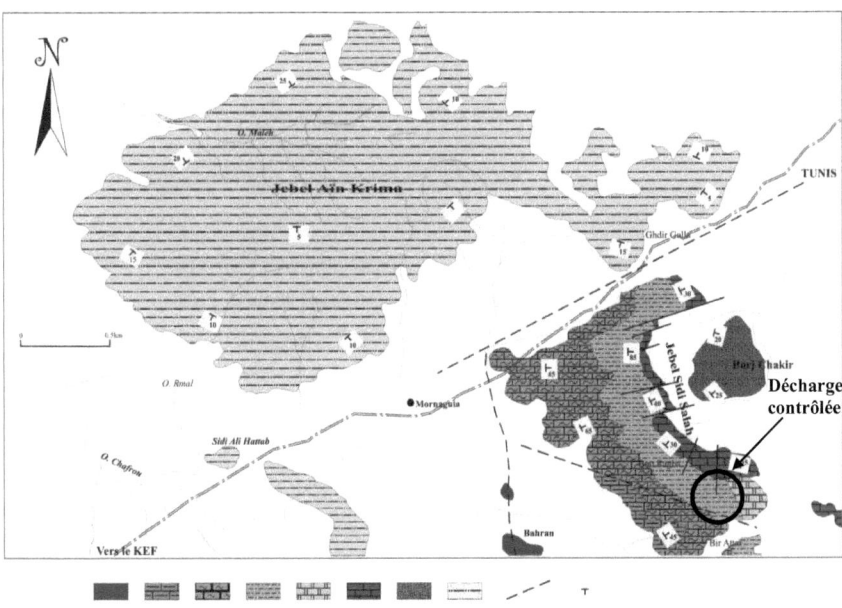

Légende

1- Trias	2- Albien
3- Turonien	4- Coniacien-Santonien
5- Campanien	6- Eocène inférieur
7- Oligocène	8- Mio-Plio-Quaternaire
9- Faille	10- Pendage des couches
11- Localisation de décharge	

Fig.7 - **Extrait de la carte géologique du Tunis n°20 (échelle 1/ 50 000)**

Légende
- Eocène supérieur
- Eocène inférieur
- Coniacien Santonien
- Turonien
- Discordance

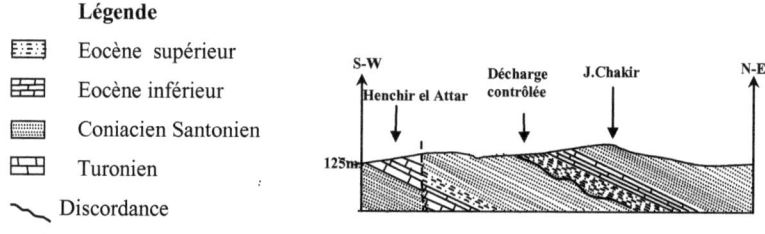

Fig. 8 – Profil topographique de la coupe géologique AB (passant de la décharge contrôlée de Borj Chakir située dans la Fig.6

V. HYDROGEOLOGIE

1- Les eaux de surfaces

Les eaux de la surface au niveau de la région d'étude sont présentées essentiellement par l'oued Bir El Jazzar (fig. 6). On remarque au niveau de l'oued il y a un rejet direct des déchets et de la matière organique additionner que les eaux reçoivent une grande quantité des lixiviats de la décharge à partir du bassin construit en béton vu a l'emplacement de l'oued paraport à ce bassin (photo.II).

2- Les eaux souterraines

Les eaux souterraines est représenté par un puits situé dans la village de Bir el Jazzar et le choix d'un seul échantillon provenant de cet puit est du que tous les autres puits sont fermés.

Les eaux de ce puits ne sont pas le résultat d'une nappe profonde vu à l'absence de bon aquifère dans la région, mais il s'agit d'une nappe superficielle due aux eaux pluviales saisonnière. En effet la profondeur de ce puits est de l'autre 14,7 mètre.

En outre, en regardant les eaux de cet puits on remarque l'existence un éventuel rejet direct dans le puits d'une matière organique ce qui va participer en premier lieu à la pollution des eaux souterraine additionner qu'au niveau de la région de Bir El Jazzar il n'existe pas d'un réseau d'assainissement.

VI. HISTORIQUE DE LA DECHARGE

La superficie totale de la décharge contrôlée de Borj Chakir est de 120 hectares dont 46,7 hectares sont actuellement aménagés.

Ce site a été construit pour permettre le stockage des déchets ménagers et assimilés du grand Tunis en remplacement les veilles décharges dont l'exploitation présentait une menace environnementale. En effet, ce site a été conçu et aménagé pour garantir la protection du milieu naturel, il est situé sur un substratum argileux et il est doté d'un lit drainant et de drain pour les lixiviats.

De par ces aménagements destinés à préserver l'environnement, il constitue une première en Tunisie, comme pour l'ensemble du Maghreb. Il constitue une référence et une vitrine de technologie qu'il convient d'entretenir et d'améliorer.

La décharge contrôlée est entrée en exploitation le 17 mai 1999. Son exploitation était assurée par l'ANPE jusqu'à 8 mai 2000. A partir de cette date, la gestion de la décharge a été mise en concession. Actuellement, une société privée SOMAGED assurant son exploitation.

(SOMAGED ; 2005)

VII. PLAN DE LA DECHARGE

La décharge contrôlée de Borj Chakir est constituée actuellement de 3 casiers fermés et un quatrième en cours d'exploitation (Fig. 9), de 10 bassins de lixiviats, dont un construit en béton (photo.II). Ce dernier se trouve en amont de la décharge sous le casier 1 et reçoit essentiellement les lixiviats provenant de ce dernier alors que les 9 autres bassins construits en argile (photo.I) se trouvent en aval de la décharge et ils contiennent le mélange des lixiviats des casiers 2 et 3.

L'entrée de la décharge est équipée d'une bascule pour peser la quantité de déchets ramenée par les engins. L'administration de la société exploitante la SOMAGED et un poste de policier qui s'occupe du contrôle des déchets entrant à la décharge se situent aussi à l'entrée du site.

Photo.I - Les bassins des lixiviats en argile dans la décharge contrôlée de Borj Chakir

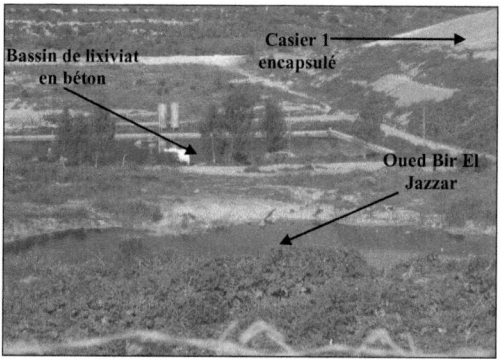

Photo.II – L'état de l'amont de la décharge

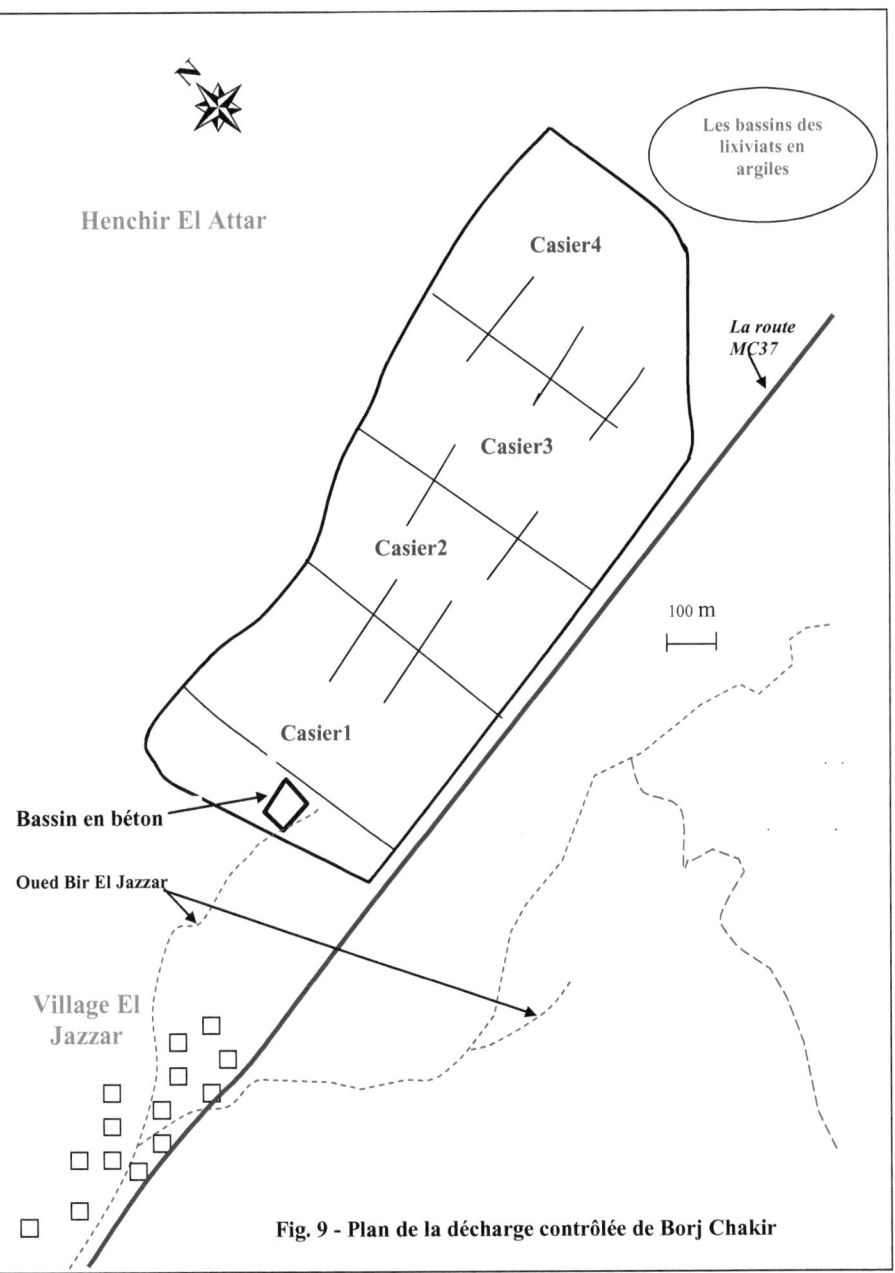

Fig. 9 - Plan de la décharge contrôlée de Borj Chakir

VIII. LES DECHETS RECUS

1- Quantité de déchets reçus

Le centre de stockage de Borj Chakir reçoit des déchets depuis le 17 mai 1999. Au cours de cette année, 400 000 tonnes de déchets ménagers et assimilés ont été stockées au niveau du casier n°1.

Les quantités de déchets stockées depuis 2001 jusqu'au 2005 sont consignées dans le tableau.7 *(SOMAGED ; 2005)*

Tableau.7 - Evolution de la quantité de déchets au niveau de la décharge de Borj Chakir depuis 2000 jusqu'à 2005

Années	Quantité de déchets en tonnes
2000	749 759,430
2001	622 269,900
2002	604 294,820
2003	628 653,420
2004	690 369,750
2005	672 004,296
total	3 967 351,616

Au 31 décembre 2005, le site contient 3 967 351,616 tonnes de déchets.

On remarque que la quantité de déchets stockés au niveau de la décharge à augmenté depuis l'ouverture de la décharge jusqu'à l'année 2005 et cette élévation est la conséquence de l'amélioration du niveau de vue et le développement économique.

2- Nature des déchets reçus

La décharge contrôlée de Borj Chakir est une décharge conçue pour recevoir les ordures ménagères et les déchets assimilés aux ordures ménagères. En effet, il est strictement interdit d'enfouir les déchets toxiques.

Les clients livrent à la décharge des déchets de grande hétérogénéité dans leurs natures et leurs origines. Ils sont composés de :
- des ordures ménagères très humides, représentant la quasi totalité des déchets reçus sur le site;
- des déchets industriels banals livrés à la décharge en proportion faible et qui sont des déchets secs comme les papiers, cartons, palettes etc, qui participent à l'absorption de l'humidité et qui consomment de l'eau en se dégradant ;
- des déchets putrescibles présentant un tonnage très faible. La société exploitante la SOMAGED à travers son contrôleur déchets, veille à la conformité du traitement apporté à ces déchets par les producteurs (mélange ciment, sable,chaux, ect) conformément aux instructions du Ministère de la Santé transmises à l'ANGed ;

des boues des stations d'épurations ont été la cause de grandes difficultés sur l'exploitation au cours de l'année 2004. Au cours de l'année 2005 seules les boues de curage ont été livrées *(SOMAGED ; 2001).*

3 - Contrôle des déchets

L'acceptation de certains déchets spéciaux comme les produits alimentaires périmés, produits pharmaceutiques nécessitent une autorisation préalable de l'ANGed.

Dans ce sens, la société exploitante, la SOMAGED, a mis en place un contrôleur pour surveiller et contrôler les camions entrant à la décharge.

E effet, les camions faisant l'objet d'un contrôle et qui appartiennent à des sociétés privées ou étatiques ayant des activités industrielles ou commerciales et qui peuvent avoir parmi leur détritus des déchets interdis ou nécessitent une autorisation auprès de l'ANGed.

A ce jour, les différentes catégories de déchets refusés au niveau du site sont les suivantes ;
- les déchets dangereux ;
- les déchets liquides ;
- les copeaux métalliques et autres déchets susceptibles d'endommager les engins;
- les déchets putrescibles qui ne sont pas détruit ou traités (mélange par du sable, de la chaux ou de gasoil) ;

- les médicaments périmés ne disposant pas d'une autorisation officielle de l'ANGed.

Ainsi, durant l'année 2005, 77 camions ont été refusés *(Sarrazin ; 2004)*.

4 - Origine des déchets reçus

Les déchets reçus sur le site proviennent d'environ 150 clients réguliers (des municipalités, des services publics, des entreprises privés, etc.), ainsi que de très nombreux clients occasionnels (environ 500/mois) dont la majorité ont recours au système de paiement comptant *(SOMAGED ; 2004)*.

IX. LES LIXIVIATS

1- Approche quantitative

Les lixiviats dans la décharge de Borj Chakir sont produit en volume considérable. Ces lixiviats proviennent presque exclusivement de l'humidité des déchets. En effet, les lixiviats s'écoulent gravitairement dans un système de drainage disposé au fond de chaque casier, ensuite ils seront pompés vers les bassins de stockages (fig.9).

Durant l'année 2005, il y a eu transfert des lixiviats vers la zone de stockage que 11 790 m^3 du casier 1 ce qui correspond à un volume journalier transféré de 32 m^3/j. En ce qui concerne le casier 2 seules 5 127 m^3 des lixiviats ont été transférés vers les bassins de stockages ce qui correspond à un volume journalier transféré de 14 m^3/jour. En ce qui concerne le casier 3 24 344 m^3 des lixiviats uniquement ont été transférés vers la zone de stockage.

Au niveau de la décharge, le volume épandu des lixiviats pendant l'année 2005 qui est de l'ordre 49 890m^3 est triplé par rapport à celui épandu pendant l'année 2004 qui est égale 16346 m^3.

Le volume des lixiviats produit quotidiennement est considérable. Plusieurs paramètres influent sur la production des lixiviats :
- tonnage quotidien ;
- le tonnage total en place sur le site (il s'agit en quelque sorte d'une éponge qui s'égoutte progressivement) ;
- l'humidité comprise dans les déchets (humidité très importante pendant la saison des pastèques, lors des pluies, au cours du Ramadan etc.).

(SOMAGED ; 2005)

2- Approche qualitative

Deux échantillons de lixiviats de la décharge contrôlée de Borj Chakir ont été analysés dans les laboratoires du centre international de technologie de l'environnement (CITET). Les résultats d'analyses sont portés dans le tableau .8.

Tableau.8- Résultats des analyses durant 3 ans sur les lixiviats provenant du casier 1

Les paramètres	unités	Echantillon1	Echantillon2	NT
DCO	mg O_2/l	$64,510^3$	3910^3	90
DBO5	mg O_2/l	$28,410^3$	$10,410^3$	30
Nitrate	mg N/l	<0,11	<0,11	50
Nitrite	mg N/l	0,030	<0,0035	0,5
Chlorure	mg/l	$7,3610^3$	$8,1310^3$	600
Sulfate	mg/l	38	16	600
Sodium	mg/l	$6,110^3$	$5,9710^3$	300
Potassium	mg/l	$2,7510^3$	$2,8510^3$	50
Cadmium	mg/l	0,009	0,01	0,05
Zinc	mg/l	0,993	0993	5
Plomb	mg/l	0,230	0,200	0,1

D'après les résultats d'analyses de deux échantillons de lixiviats provenant des bassins 1 et 2 montrent que les lixiviats ne sont pas riche en nitrate et nitrite, en effet les teneurs dans les deux échantillons ne dépassent pas les valeurs indiquées par la norme tunisienne.

En plus, on remarque que les lixiviats de la décharge contrôlée de Borj Chakir ne sont pas chargés en métaux lourds comme le zinc, le plomb, le cadmium et le chrome dont les teneurs enregistrées ne dépassent pas la valeur indiquée par la norme tunisienne *(Zargouni ; 2003)*.

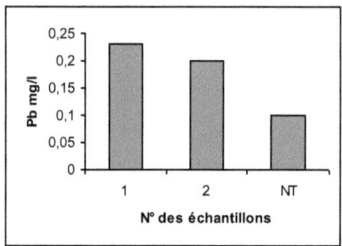
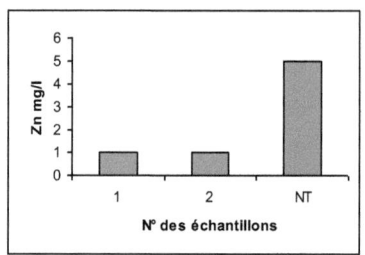

Fig.10 – Variation du plomb au niveau les deux échantillons des lixiviats

Fig.11 – Variation du zinc au niveau de lixiviats

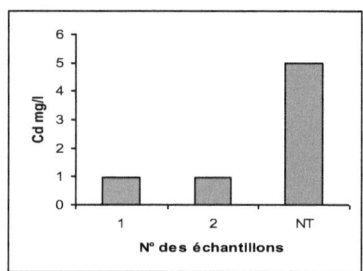

Fig.12 – Variation du cadmium au niveau les deux échantillons de lixiviats

Par contre, les résultats des analyses des lixiviats de la décharge ont révélé qu'ils sont riche en éléments majeurs comme le potassium, le sodium et les chlorures dont les teneurs dépassent les valeurs indiquées par la norme tunisienne.

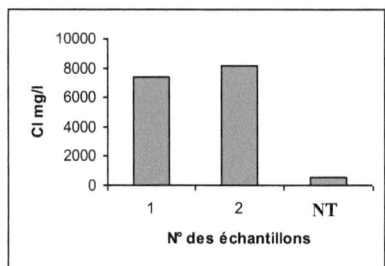
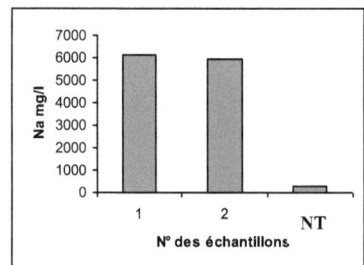

Fig.13 – Variation de la teneur des chlorures au niveau les deux échantillons de lixiviats

Fig.14– Variation du sodium au niveau les lixiviats

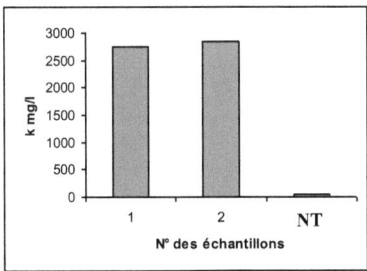

Fig.15 – Variation de la teneur du potassium
dans les deux échantillons de lixiviats

En faisant référence à la norme tunisienne (NT.106-002 du 1989) de rejets des effluents liquides dans le milieu naturel, nous constatons que les lixiviats de la décharge contrôlée de Borj Chakir ne peuvent être rejeté dans le milieu naturel sans un traitement à l'amont pour rabattre les teneurs en composant polluants notamment DBO5, DCO, conductivité et les éléments majeurs qui sont en concentrations importantes par rapport aux normes des rejets.

3-Les solutions développées jusqu'à ce jour pour réduire ou traiter les volumes de lixiviats

Au 1^{ier} janvier 2004 plus que 86 000m^3 de lixiviats étaient stockés sur la décharge. Depuis l'année 2002, les lixiviats ont été stockés et épandus sur le front de déchets.

Au cours de la période estival de l'année 2005, la société exploitante a renforcée la capacité d'épondage à partir du casier 3 a fin de ne stocker que la production des casiers 1 et 2.

Une augmentation de la quantité des déchets secs reçus sur le site, en Europe par exemple, la production des lixiviats est moindre car la répartition déchets secs/déchets humides est plus équilibrée, par contre dans la décharge de Borj Chakir, les ordures ménagères sont très humides représentent la quasi-totalité des déchets reçus sur le site. Si le tonnage des déchets industriel banals secs était plus important, la production des lixiviats serait nettement moindre.

Le développement de l'activité de compostage afin de valoriser les déchets organiques qui contiennent d'importantes quantités d'eau.

En effet, le compostage de ces déchets permettait la fabrication d'un produit susceptible d'être utilisé dans l'agriculture ou dans la couverture de la décharge. *(SOMAGED ;2005)*

X. Le biogaz

La dégradation de la matière organique compris dans les déchets conduits à la production des biogaz. L'existence de ce dernier se constate aisément sur le corps de la décharge par l'apparition des bulles au niveau des flaques d'eau et des bassins.

La technique de compactage facilite la migration horizontale du biogaz (fig.11). Aussi la collecte de ce dernier se fera par la pose des drains verticaux par forage après remblaiement (provisoire ou définitif) pour les raisons suivantes :

- le forage a lieu quand la production de biogaz est significative ;
- la qualité de biogaz est meilleur (moins d'air). La couverture même provisoire des déchets et dans le système de drainage ;
- souvent, la zone de circulation, de passage des camions et des engins a été décalée. Le risque de collision avec les équipements de collecte du biogaz est moindre.

En septembre 2002, des forages verticaux ont été réalisés au niveau du casier 1 à raison de quatre puits par hectare, de telle sorte que quatre rangées de puits sont réalisées entre la route extérieure et la route intérieure. Les drains de collecte du biogaz sont parallèles et distantes de 50 m.

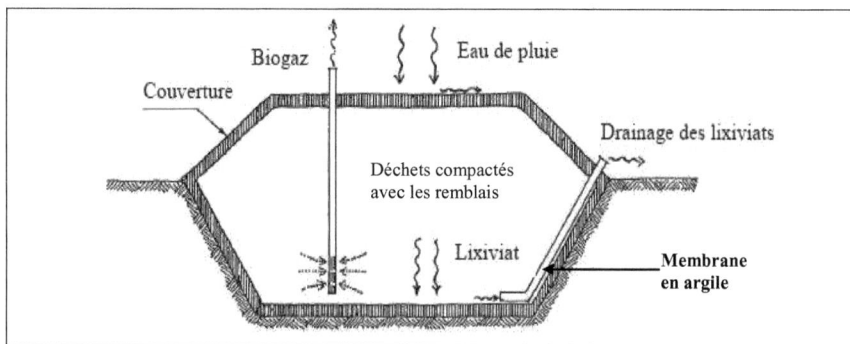

Fig.16 - Principe de fonctionnement d'un casier de stockage de déchets au niveau de la décharge contrôlée de Borj Chakir (AES) *(Source@ 4)*

XI. LES PROBLEMES DE LA DECHARGE SUR LE MILIEU ENVIRONNANT

La décharge contrôlée de Borj Chakir est construite pour remplacer les dépotoirs sauvages comme Henchir El Yahoudia. En effet, le projet d'aménagement et d'exploitation d'une décharge contrôlée génère des impacts directs et indirects lors des différentes étapes de gestion tel que

- la phase des travaux d'aménagement y compris le tassement, le raccordement, l'aménagement du corps de la décharge, l'étanchéité et les systèmes de gestion des eaux pluviales, des lixiviats et des gaz ;
- la phase d'exploitation de la décharge et notamment la collecte, le transport et le traitement y compris la valorisation de certains déchets (plastiques, compostages) ;
- la phase de fermeture et réhabilitation de la décharge contrôlée notamment la couverture, la réintégration paysagère et la gestion des lixiviats et des gaz.

1- Impact direct de la décharge

↳ perte de 50 hectare de terrains agricoles ;

↳ destruction de la végétation naturelle et changement du paysage naturel (décapage et aménagement) ;

↳ perturbation des écoulements des eaux de surface et possibilité de contamination par les rejets du chantier ;

↳ diminution de superficie de recharge de la nappe phréatique et possibilité de contamination par les rejets du chantier ;

↳ perturbation de la faune (émission sonores et destruction des habitats) ;

↳ destruction des touffes de plantes existantes ;

↳ perturbation du trafic routier par la circulation des engins lourds sur la MC37 lors de la période des travaux ;

↳ contamination du milieu par les lixiviats et les déchets ;

↳ odeurs provenant de la décharge ;

↳ envolement des déchets et poussières provenant des circulations des engins sur les pistes

↳ risque lié à la production du biogaz/ sécurité du site.

2-Impact indirect de la décharge

Parmis les impacts indirects, on peut citer :

- érosion éolienne et hydrique ;
- inondation du site en cas de pluies exceptionnelle ;
- migration des oiseaux ;
- disparition des espaces végétales. *(ANGED)*

3- Autres problèmes

➢ l'enfouissement des déchets ne se fait pas quotidiennement à cause du manque du remblais, ce qui favorise l'envol des déchets légers conduisant à la pollution du milieu environnant. En outre, ces déchets constituent un milieu favorable pour le développement de certains animaux comme les rongeurs et les insectes etc (photo.III) ;

➢ le manque des engins qui rend l'exploitation du site difficile ;

➢ le grillage de la clôture est supprimé dans des différents endroits de la décharge ce qui facilite le passage des chiffonniers sans la permission de la société exploitante ;

➢ l'existence au niveau du site d'un grand nombre des chiffonniers qui causent des nombreux problèmes comme vols des matériaux, vols d'argents et peuvent provoquer même les feux. Par exemple, pendant l'année 2005, un feu qui s'étendu sur environ 2 hectares au niveau de la décharge ;

➢ certains clients livrent leurs déchets au niveau de la route ce qui participent à la pollution du milieu environnant de la décharge (photo.IV) et encourager les habitons de brûler ces déchets (photo.V) ;

➢ le tri des déchets recyclables effectué par les chiffonniers concerne seulement les plastiques et les cartons ;

➢ le manque de valorisation du biogaz formé par la fermentation anaérobique des déchets. En effet, il n'existe de drains verticaux qu'au niveau du casier ;

➢ le biogaz est composé essentiellement par le éthane et le dioxyde de soufre qui sont des gaz toxiques et inodores qui participent à l'augmentation de l'effet de serre et causent un danger sur la santé humaine. Il faut donc penser à le capter et de tirer profit de sa valeur énergétique en effet il constitue une source d'énergie renouvelable.

Photo.III– Etat actuelle de la décharge

Photo.IV - Situation de la route MC37

Photo.V - Brûlure des déchets au niveau de la route de la décharge

Chapitre IV
Méthodes et techniques d'analyses

I. INTRODUCTION

L'étude des lixiviats de la décharge contrôlée de Borj Chakir et ses impacts sur le milieu environnant (eaux de surface, souterraines et sédiments) a nécessité des investigations sur le terrain ainsi que des analyses au laboratoire.

Les caractérisations des lixiviats de la décharge, des eaux de surface et des eaux souterraines ont nécessités trois compagnes d'échantillonnages réalisés en printemps (mars et avril) alors les échantillons des sédiments de la décharge et du milieu environnant ainsi que ceux de l'oued Bir El Jazzar ont été prélevé au mois d'avril. En effet tous ces échantillons ont fait l'objet de nombreuses analyses dont les techniques et les méthodes appliquées sont développées dans les paragraphes suivants.

II. PRELEVEMENT ET ANALYSE DES SEDIMENTS DE LA DECHARGE ET SES ENVIRONNANTS

Pour étudier et analyser le substratum de la décharge et le milieu environnant, 11 échantillons sont prélevés au niveau des différentes régions de la décharge et du milieu environnant et de l'oued Bir El Jazzar (fig17).

- Au niveau de S6 on a prélevé 5 échantillons à partir d'un profil topographique de profondeur 4 mètres en aval du casier 4, les échantillons sont enlevés de chaque mètre ce qui nous permet d'étudier le niveau de contamination du sol selon la profondeur.
- S5 : 2 échantillons sont prélevés de cette région prés des bassins des lixiviats construit en argile, un à partir de la surface alors que le $2^{\text{ème}}$ échantillons est tiré après un mètre de la surface.
- S4 : un échantillon est prélevé de cette région qui est localisé après le casier 3.
- S3 : un échantillon est prélevé du champ de blé localisé avant l'entrée à la décharge contrôlée de Borj Chakir.
- Deux échantillons de l'oued El Jazzar sont prélevés des régions S1 et S2 la première est au niveau de la décharge alors que la deuxième est au niveau du village El Jazzar.

En effet, ces deux échantillons vont nous permet de déterminer le degré de contamination des sédiments de l'oued par les lixiviats provenant de la décharge.

1 - Préparation des sédiments

Après séchage à l'étuve à 50°C, les échantillons sont broyer pour déterminer la calcimétrie, les minéraux argileux et le dosage des éléments traces.

2 - La calcimétrie

La calcimétrie a été effectuée à l'aide d'un Calcimètre-Bernard, sur 0,25g de sédiment finement broyé, la référence étant la calcite pure.

On introduit 0,25g de sédiment brut finement broyé dans un erlen Meyer relié à une burette volumétrique.

Dans l'erlen Meyer, on a déposé un tube contenant de l'acide chlorhydrique dilué à 10%. En se basculant ce tube, le calcaire est attaqué et le gaz carbonique se dégage. Le HCl réagit à froid avec la calcite en donnant du CO_2 et du $CaCl_2$ soluble selon la réaction suivante :

$$CaCO_3 + 2HCl \longrightarrow CaCl_2 + CO_2$$

La mesure de la quantité de CO_2 dégagée au cours de la réaction permet de calculer la teneur en $CaCO_3$ du sédiment attaqué selon la formule suivante :

$$\%CaCO_3 = (L_1-L_2 / l_1-l_2) \times 100$$

Avec :

L_1-L_2 : volume de CO_2 dégagé par le $CaCO_3$ de calcium pur ;

l_1-l_2 : volume de CO_2 dégagé par l'échantillon.

3- Minéralogie des argiles (méthode des agrégats orientés)

Cette méthode des agrégats orientés est basée sur la tendance des minéraux argileux à avoir une orientation préférentielle obtenu par sédimentation qui se fait parallèlement aux plans de base (001) se qui favorise la réflexion des rayons et donne des raies (001) très intenses.

La préparation de l'échantillon consiste à subir l'ensemble des opérations suivantes :
L'échantillon est tout d'abord attaqué par quelques gouttes d'acide chlorhydrique 10N à froid. Ensuite il est lavé par centrifugation répétée (3000 tours/mn), afin d'éliminer les sels jusqu'à défloculation.

Après décantation, la suspension obtenue est récupérée, elle représente la fraction inférieure à 2μm qui sera déposée sur des lames de verre lisses à l'aide d'une pipette.

Les minéraux argileux en se déposant sur la lame, s'orientent parallèlement à leur plan de clivage. On laisse sécher ces lames à l'air libre puis elles seront passées aux rayons X dans deux étapes différents :
> Etat naturel (lame normale simplement séchée à l'air libre don le diagramme servira de référence) ;
> Etat glycolé (lame traitée à l'éthylène glycol).

La détermination les types des argiles au niveau de chaque lame ont été faite essentiellement à partir des diagrammes des rayons X. Cette méthode consiste à utiliser la propriété de diffraction d'un faisceau monochromatique de rayon X par les plans réticulaires selon la loi de Bragg :

$$n \lambda = 2 d \sin \theta$$

- λ = longueur d'onde en $A°$;
- d = distance entre deux plans réticulaires ;
- θ = angle d'incidence ;
- n = nombre entier.

4 – Extraction des métaux lourds des sols

a- But

Le but est de mettre en solution l'échantillon a fin de libérer tous les éléments chimiques et les mettre sous leurs formes ioniques.

b- Les réactifs utilisés
- l'acide perchloridrique $HClO_4$ concentré ;
- l'acide fluorhydrique HF concentré ;
- l'acide nitrite HNO_3 concentré ;
- l'eau oxygénée H_2O_2.

c- Mode opératoire

On pèse 0.3g de l'échantillon dans un creuset en téflon, on ajoute quelques gouttes d'eau bidestillée a fin d'éviter toute perte de l'échantillon.

➢ **L'attaque à froid**
- on ajoute 5ml d'acide perchloridrique et 10ml d'acide fluorhydrique
- on laisse agir pendant une nuit à température ambiante.

➢ **L'attaque à chaud :**
→ on chauffe doucement jusqu'à l'évaporation de l'acide fluorhydrique et l'acide perchloridrique ;

→ si la couleur noirâtre persiste on ajoute quelques gouttes d'eau oxygénée pour éliminer la matière organique ;

→ lorsqu'on obtient une goutte jaunâtre pâteuse on ajoute 5ml d'acide nitrique et de l'eau bidestillée et on chauffe jusqu'à l'ébullition ;

→ on récupère cet extrait dans une fiole de 100ml qu'on jauge avec de l'eau bidestillée.

Cette solution contient donc des éléments extraits qui seront dosés à l'aide d'un spectromètre atomique.

La méthode d'analyse utilisée dans notre cas pour le dosage des métaux lourds est le spectromètre d'adsorption dont le principe consiste à mesurer la perte d'intensité que subit un rayonnement lumineux passant dans la vapeur atomique émise par un échantillon.

☛ **Principe du spectromètre d'absorption atomique :**

Les électrons périphériques d'un atome sont à la base des techniques de spectrométrie d'absorption atomique, en effet sous l'effet de la réaction émise par la lampe à cathode, les atomes du métal étudié sont soumis à des conditions d'énergie qui permettent leurs passage d'un état fondamental à un état exigé.

L'appareil mesure alors une différence de radiation, cette dernière est proportionnelle à la concentration de l'élément étudié.

Le spectromètre permet 2 modes d'analyses :

- **en absorption** : les atomes du métal passent d'un état stable à un état excité sous l'effet de la radiation incidente émise par la lampe à cathode creuse.
- **En émission** : sous l'effet de l'énergie thermique de la flamme, les atomes s'excitent et changent de niveau. Lors du retour à l'état initial (stable), il émettent une radiation caractéristique de longueur d'onde déterminée contrairement à ce qui passe lors du passage à l'état excité durant lequel se produit une absorption de la longueur d'onde considérée.

☛ L'appareillage du spectromètre d'absorption atomique :

Le spectromètre d'absorption atomique est composé essentiellement :
- d'une source de lumière : lampe à cathode creuse qui émet la lumière à la même longueur d'onde que celle du métal étudiée ;
- d'un modulateur : il a pour objectif d'éliminer les lumières parasites qui sont dû à l'émission des éléments contenus dans la solution à doser ;
- d'un système brûleur qui comprend :

- un nébuliseur : qui permet d'aspirer la solution à analyser et atomiser les éléments à doser. Cette atomisation permet de crier une vapeur atomique capable d'absorber sélectivement la partie intéressante du rayonnement qui la traverse.
- une chambre de vaporisation où les gouttes est préférentiellement entraînée vers le brûleur ;
- le brûleur est formé par du tétane résistant à la corrosion ;
- un système optique composé par des miroirs et un monochromateur ; ce dernier permet d'isoler une raie du spectre lumineux et de l'acheminer jusqu'au photomultiplicateur ;
- d'une photomultiplicateur : amplificateur qui est le lieu où la lumière est convertie en courant électrique, ce courant ainsi formé est amplifié pour être mesurer.

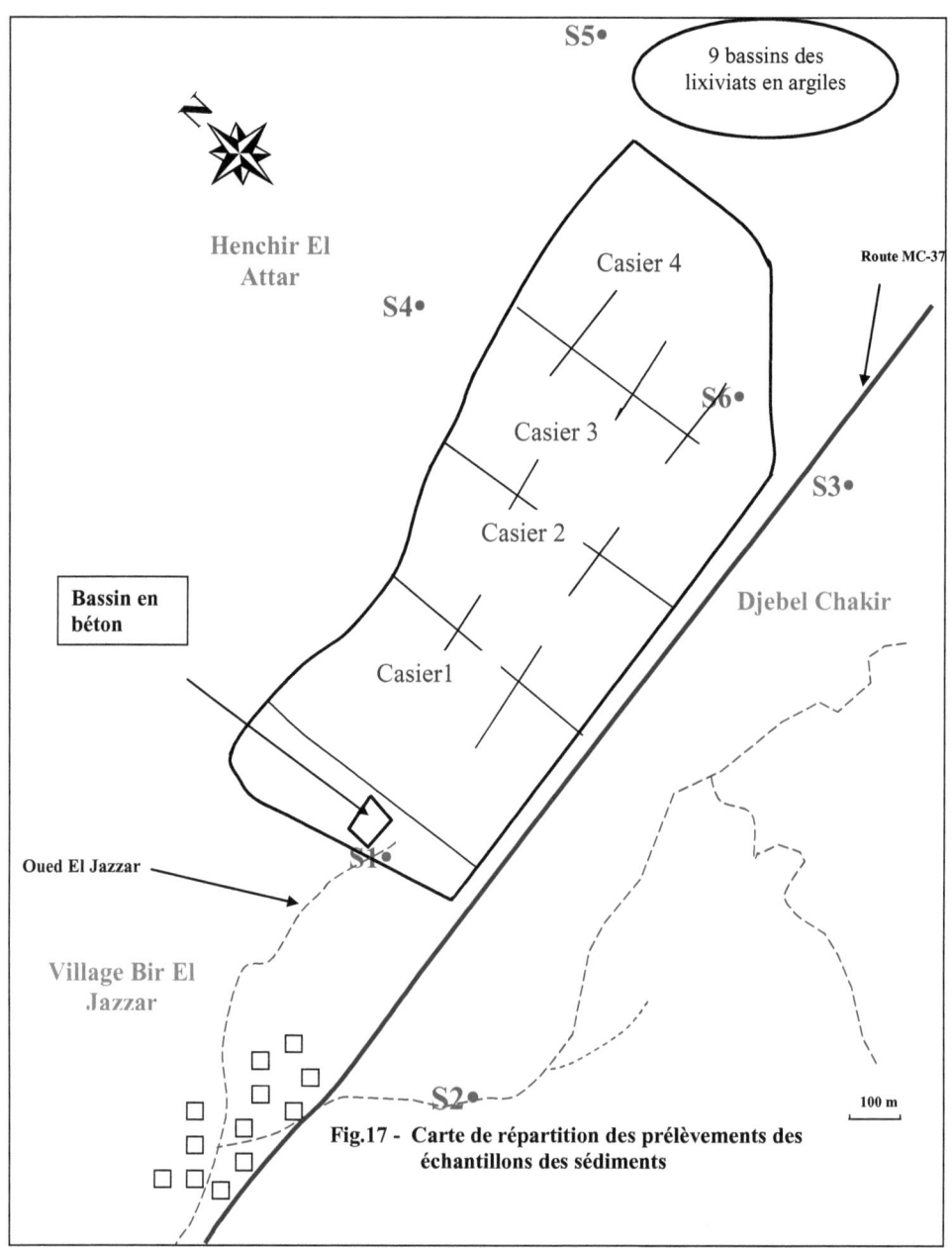

Fig.17 - Carte de répartition des prélèvements des échantillons des sédiments

II. PRELEVEMENT ET ANALYSE DES LIXIVIATS ET DES EAUX DE SURFACE ET DE LA NAPPE

1- Prélèvement et conservation des échantillons

a- Les lixiviats

Pour étudier la qualité chimique des lixiviats de la décharge contrôlée de Borj Chakir on a prélevé 11 échantillons dont 10 ont été prélevé des bassins de la décharge et un 11ème est prélevé d'un lixiviat provenant directement du casier 3. Tous les échantillons sont filtrés dans le laboratoire avec des filtres de 0,4µm de diamètre.

b- Les eaux de ruissellement

Pour étudier le degré de contamination des eaux de surfaces par les lixiviats de la décharge de Borj Chakir 2 échantillons E1 et E2 d'eau sont prélevés à partir de L'oued Bir El Jazzar (fig.18). en effet E1 est prélevé de l'oued au niveau de la décharge et prés du bassin de lixiviat construit en béton alors que E2 est prélevé après la village Bir El Jazzar

Les échantillons d'eau ont été prélevés dans des flacons en polyéthylène d'un litre : trois flacons par échantillons, le premier est réservé pour l'analyse des sels nutritifs (après addition de quelques gouttes de chloroforme), le deuxième pour l'analyse de la matière organique (transporté au laboratoire dans 24 heures après prélèvement) et le troisième pour l'analyse des éléments majeurs et traces.

Les échantillons, une fois prélevés sont instables et tout contact avec l'atmosphère induit des transformations parfois irréversibles. Certains paramètres physico-chimiques des eaux et des lixiviats ont été mesurés sur le champ au moment du prélèvement tel que : le pH, la température, l'oxygène dissous et la conductivité électrique.

Les échantillons destinés au laboratoire ont été conservés dans des bouteilles en polyéthylène d'un litre à une température de 4°C.

Alors pour les eaux,deux échantillons d'eaux ont été prélevé de l'Oued El Jazzar, un au niveau de la décharge prés du bassin construit en béton et l'autre prélevé au niveau du village, ces échantillons nous permet de suivre le degré de contamination des eaux de surface.

c- Les eaux souterraines

Pour étudier le degré de contamination des eaux de la nappe par les lixiviats de la décharge contrôlée de Borj Chakir, un seul échantillon est prélevé d'un puits situé au niveau du village Bir El Jazzar (fig.18).

2- Analyse des paramètres physico-chimiques

Les paramètres physico-chimiques mesurés in-situ sont les suivants :

a- La température

La température est l'une des caractéristiques les plus importantes. Elle intervient sur plusieurs paramètres tels que la densité, la dissolution des gaz, la cinétique des réactions chimiques ainsi que le déroulement des cycles biologiques des organismes.

b- Le pH

La mesure du pH a été également déterminée in-situ à l'aide d'un pH-mètre portatif de type WTW.

c- Oxygène dissous

La mesure de l'oxygène dissous a été déterminée in-situ à l'aide d'un oxymètre portatif de type WTW.

d- La conductivité électrique

La conductivité électrique d'une eau est la conductance d'une colonne d'eau comprise entre deux électrodes métalliques. Sa mesure permet d'évaluer rapidement mais approximativement la minéralisation globale de l'eau, elle est exprimé en milli-siemens par centimètres (ms/cm). Les mesures ont été faites in-situ à l'aide d'un conductimètre portatif de type WTW.

3- Analyse des sels nutritifs

Les lixiviats sont caractérisés par une forte teneur en éléments nutritifs, ces éléments sont aussi dosés au niveau des eaux de la nappe pour évaluer le degré de contamination de ces eaux.

a. L'azote

- Nitrites (NO_2)

Il s'agit d'une détermination photométrique de l'ion nitrite au moyen de solution de sulfanilamide et N(1-Naphthyl)-éthylènediamine.

En effet, dans une solution acide, les ions nitrites diazotés par le sulfanilamide qui, combiné avec N(1-Naphthyl)- éthylènediamine., forment un azo-colorant d'un rouge intense. L'extinction du colorant se fait à 530nm.

- **Nitrate (NO_3^-)**

Les ions nitrates sont dosés par une méthode photométrique en utilisant le 2,6-xyénol.

Les nitrates en présence de composés phénolés et d'acide sulfurique se transforment en dérivés nitrés du phénol, extractibles par le toluène, et donnant en milieu alcalin une coloration jaune susceptible d'un dosage colorimétrique à 250nm.

- **L'azote ammoniacal (NH_4^+)**

L'azote ammoniacal est dosé par spectrométrie d'adsorption moléculaire (méthode de Nessler).

Le réactif de Nessler (iode-mercurate de potassium alcalin) en présence des ions ammonium est décomposé avec formation d'iodure de dimercuriammonium qui permet le dosage spectrométrique des ions ammonium :

$$2Hg_4 + 2NH_3 \longrightarrow 2NH_3HGI_2 + 4I^-$$
$$2NH_3HGI_2 \longrightarrow NH_2HgI_2 + NH_4^+ + I^-$$

- **Azote Kjeldahl (NTK)**

Le dosage de l'azote Kjeldahl se fait en deux étapes :

✓ une minéralisation de l'azote organique en milieu acide et en présence d'un catalyseur ;

✓ un dosage acido-basique de la vapeur NH_3 transformé en NH_4OH après distillation et absorption dans l'acide borique. L'ammoniaque, formée, est dosée avec l'acide sulfurique.

Cette méthode permet le dosage de l'azote sous forme minérale (NH_4^+) et organique.

b. Phosphore (orthophosphate HPO_4^{2-})

En milieu acide et en présence de molybdate d'ammonium, les orthophosphates donnent un complexe phosphomolybdique qui, réduit par l'acide ascorbique, développe une coloration bleue susceptible d'un dosage colorimétrique. Certaines formes organiques peuvent être hydrolysées au cours de l'établissement de la coloration et donner des orthophosphates.

Le développement de la coloration est accéléré par l'utilisation d'un catalyseur, le tartrate double d'antimoine et de potassium.

4- Analyse des éléments majeurs (anions et cations)

a. Dosage des anions

➲ **Chlorure**

Les chlorures sont dosés par titration avec une solution de nitrate d'argent ($AgNO_3$) selon la méthode de Mohr.

Dans un erlenmeyer de 250 ml, on ajoute à une prise d'essai de 10 ml, avec de l'eau distillée, 5 gouttes de solution de chromate de potassium. La lecture du volume de $AgNO_3$ consommé se fait lorsque la couleur de la solution passe du jaune à l'orangé.

Les ions chlorures précipitent sous forme de chlorures d'argent difficilement soluble. En présence des ions chromates, l'excès d'Ag^+ précipite en $Ag_2Cr_2O_4$ de couleur rouge brique selon les équations des réactions suivantes :

$$Cl^- + Ag^+ \longrightarrow AgCl$$
$$2\,Ag^+ + Cr_2O_4^{2-} \longrightarrow Ag_2Cr_2O_4$$

➲ **Sulfates (SO_4^{2-})**

Les sulfates ont été dosés par la méthode gravimétrique. Ils sont dosés par addition de chlorures de baryum ($BaCl_2$) en présence d'acide chlorhydrique, on provoque la formation d'un précipité de sulfate de baryum ($BaSO_4$), la masse de ce précipité permet de calculer la teneur en SO_4^{2-}.

b. Dosage des cations

Le dosage des cations (Na^+, K^+, Ca^{2+}, Mg^{2+}) a été fait par spectrométrie d'absorption atomique.

➲ **Dosage par émission (Na^+ et K^+)**

Les ions Na^+ et K^+ ont été dosés par la méthode d'absorption atomique en émission, en utilisant une flamme à air/acétylène. Le principe de dosage par cette méthode est le suivant :

les éléments à doser Na^+ et K^+ émettent des radiations de longueur d'onde déterminée, dont l'intensité est mesurée par spectrométrie.

⊃ **Dosage par absorption (Ca^{2+} et Mg^{2+})**

Le dosage par absorption est basé sur le principe suivant : les éléments à analyser (Ca^{2+} et Mg^{2+}) sont dispersés à l'état atomique dans la flamme à air/acétylène. Ces éléments absorbent tout rayonnement incident dont l'intensité est liée à leur concentration.

5. Dosage des éléments traces

Les éléments traces sont dosés dans les échantillons d'eau et de lixiviats par émission atomique ICP-MS.

Les équipements ICP comprennent quatre parties : le dispositif de nébulisation, la torche à plasma, le dispositif dispersif et un détecteur pour chaque élément dosé.

Les spectromètres ICP sont des spectromètres optiques ou de matériaux après la mise en solution dont la source est un plasma d'argon à couplage inductif (Inductively Coupled Plama) qui permet des dosages chimiques multi-élémentaires sur divers éléments (eaux, roches mises en solutions) d'une manière rapide et relativement précise suivant l'élément considéré. Les limites de détection peuvent être très faibles. Les échantillons sous forme liquide sont d'abord nébulisés, puis ionisés dans la torche à plasma avant dispersion et détection.

6. Caractérisation de la matière organique

La matière organique constitue la principale charge polluante contenue dans les lixiviats. Ces analyses ont été faites dans le but de déterminer leur degré de biodégradabilité.

a. DBO5

Demande biochimique en oxygène en 5 jours à 20°C et à l'obscurité, est exprimée en mg/l. On soumet l'eau à des micro-organismes. Pendant 5 jours. On mesure l'oxygène consommé par celle-ci. La DBO5 donne une idée sur les quantités de matières organiques biodégradables présentes dans une eau.

b. DCO

La demande chimique en oxygène est exprimée en mg/l. On oxyde au bichromate de potassium, en milieu sulfurique pour dégrader chimiquement les matières oxydables présentes dans une eau (sels de métaux, sulfures, matière organique, etc). La DCO donne une idée sur les quantités de matières oxydables biodégradables dans l'eau.

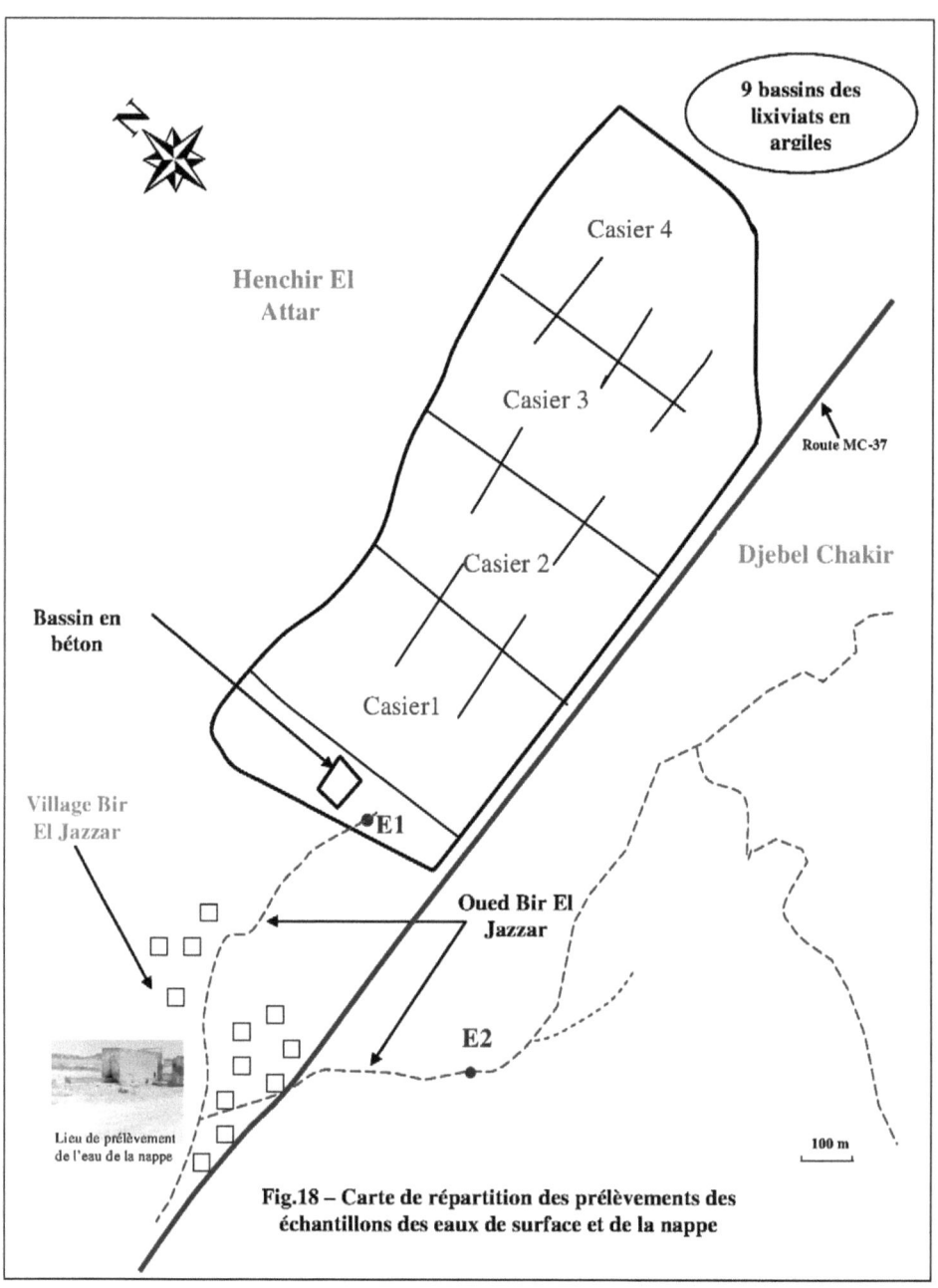

Fig.18 – Carte de répartition des prélèvements des échantillons des eaux de surface et de la nappe

Chapitre V :

Analyses des lixiviats de la décharge de Borj Chakir

I. INTRODUCTION

A cause de leurs grandes humidités, les déchets au niveau de la décharge produisent une grande quantité de lixiviats. En effet, au niveau de la décharge du Borj Chakir, on trouve actuellement 10 bassins de lixiviats dont 9 construit en argiles et un en béton
Les bassins construits en argile reçoivent les lixiviats des casiers 2 et 3 alors que celui construit en béton reçoit les lixiviats du casier 1.

Les échantillons sont prélevés de tous les bassins et un prélevé des lixiviats provenant du casier 3 au cours d'exploitation.

II. DETERMINATION DE LA QUANTITE DE LIXIVIATS PAR MODELE DE CALCUL

Le bilan hydrique (fait par l'ANGed) peut être modélisé par l'équation suivante :

$$L = (P + Wm + B + p) - (R+Ev + Et + G + g) + \Delta S$$

Où
- ➢ L : production de lixiviats en m^3 ;
- ➢ P : précipitations en m^3 ;
- ➢ Wm : production d'eau par compactage à partir de la teneur en eau des déchets en m^3 ;
- ➢ B : production d'eau résultante de réactions biochimique en m3 ;
- ➢ P : percolation en m^3 ;
- ➢ R : ruissellement en m^3 ;
- ➢ EV : évaporation en m^3 ;
- ➢ Et : évapotranspiration en m^3 ;
- ➢ G : perte d'eau associée au biogaz en m^3 ;
- ➢ G : perte au fond de casier en m^3 ;
- ➢ ΔS : variation de l'accumulation de jus au fond de casier en m^3.

III. Détermination des différents paramètres

1 - P : précipitation

La quantité journalière apportée par la pluviométrie sera :

$$P = (A \times p)/1000$$

Avec :
- P : précipitation en m^3 ;
- A : aire arrosée en m^2 ;
- p : pluviométrie en mm.

La surface exposée à la pluviométrie A est égale à la surface d'une alvéole.

Les autres alvéoles non exploitées possèdent un système de collecte des eaux de pluies indépendant de ce lui en exploitation et qui seront stockées dans un bassin orage. Autrement dit les alvéoles sont hydrauliquement séparés.

2 - Wm : Production d'eau par compactage à partir de la teneur en eau des déchets en phase d'exploitation de casier

Dans les déchets, il y a 85% d'ordures ménagères dont l'humidité est de 70 à 75%.

Les déchets sont livrés avec une densité d'environ 0,4.

Une fois mis en tas, les déchets sont compactés par les engins. Etant donné le taux d'humidité et la présence d'huiles et graisses végétales usagées, la densité des déchets compactés ne pourra dépasser 0,65 à 0,7.

Ces valeurs peuvent être vérifiées sur les casiers 1 et 2 de la décharge de Borj Chakir.

La quantité d'eau produite par compactage sera :

$$Wm = 85\% \times Q \times \rho \times (\mu_2 - \mu_1)$$

Avec :
- Wm : Production d'eau des déchets en m^3/j ;
- Q : Apport moyen de déchets apportés ;
- μ_2 : Humidité des déchets apportés ;
- μ_1 : Humidité des déchets compactés ;
- ρ : Masse volumique de l'eau est égale à 1 m^3/t.

3 - Wm' : Production d'eau, par compactage, à partir de la teneur en eau des déchets lorsque le casier sera fermé

Une fois le casier encapsulé, la teneur en eau des déchets va diminuer au fur et à mesure de l'auto tassement du tas (effet du poids des couches supérieures sur les couches inférieures).

$$Wm' = V \times \rho \times \Delta\mu$$

Avec :

- Wm' : Production d'eau des déchets en m^3/j ;
- V : Volume des déchets à la fermeture du casier en t/j ;
- $\Delta\mu$: Variation du taux d'humidité pendant une période considérée ;
- ρ : Masse volumique de l'eau.

4 - Production d'eau par réactions biochimiques aérobiques : B

La décomposition biologique de la matière organique des déchets va se réaliser au départ en aérobie, puis ensuite en anaérobie, lorsque le tas de déchets aura plusieurs mètres de hauteur.

La décomposition en aérobie est de la forme :

$$C_{10} \, 6 \, H_{180}O_{90} + 106 \, O_2 \rightarrow 106 \, CO_2 + 90 \, H_2O + cal$$

La réaction produira de l'eau et de CO_2.

Si la réaction était complète, pour une tonne de déchets organiques, nous obtiendrons 0,560 m^3 d'eau.

Mais on estime que dans les jours qui suivent la mise en décharge :

- ¼ du carbone organique est conservé ;
- ¼ fuit à l'atmosphère, dont 50% sous forme de CO_2 ;
- ½ alimentera la réaction en anaérobie au fur et à mesure que le tas de déchets s'épaissira.
- Ainsi la quantité d'eau produite sera ramenée à 0,12 m^3 par tonne de déchets organiques en supposant que le déchet soit exposé à l'air au moins 10 jours.

5 - Percolation : P

La percolation correspond à la part des eaux qui s'infiltrent dans le tas. Son importance est relativement difficile à calculer.

Un milieu humide absorbe l'eau plus rapidement qu'un milieu sec.

De même, la végétation, favorise les infiltrations d'eau.

La valeur de p retenue sera de $0,17 \times P$.

R : ruissellement

L'eau ruisselle superficielle sur les sol ou surfaces inclinées.

On peut admettre que la proportion d'eau de ruissellement par rapport à la quantité totale d'eau de pluie tombée.

La valeur de R retenue sera de $0,25 \times P$.

6 - Evaporation : Ev

Elle dépend du degré hygrométrique de l'atmosphère, de la chaleur et du vent. La surface des déchets en contact avec l'air, sera déterminante.

La quantité journalière évaporée sera :

$$Ev = A' \times ev / 1000$$

Avec :

- A' : La surface exposées de déchets (cette surface dépend du flux journalier des déchets) ;
- Ev : évaporation.

7 - Evapotranspiration : Et

Lorsque le casier, ou l'alvéole est remplis, la surface du tas de déchets n'est plus exposée directement à l'évaporation. La couverture en terre de fermeture, l'isole.

Cependant, au dessus du tas, sous l'effet de la capillarité et de l'échauffement du à la réaction biochimique, se crée une frange humide. L'eau monte dans les interstices capillaires des grains qui constituent le terrain.

La quantité journalière évacuée par évapotranspiration sera :

$$Et = (A' \times et) / 1000$$

Avec :
- A' : La surface de déchets exposées ;
- Et : évapotranspiration mesurée par la météo.

8- Les réactions biochimiques anaérobiques : G

La décomposition anaérobie est de la forme :

$$C_{106} H_{180} O_{90} + 52 H_2O + (N+ P +....) \longrightarrow 35 CO_2 + 70 CH_4 + (NH_3 + P_2O_5 + ...)$$

La réaction produira du biogaz, sous forme de méthane et de gaz carbonique.

Si la réaction était complète, pour 1 tonne de déchets organiques, la demande en eau de la réaction, serait de l'ordre de 0,324 m^3.

Le processus de méthanisation, dans une décharge ne va pas à son terme, et que la production de biogaz, transforme environ 25 à 30% du carbone entrant. Le poids du digestât sera de l'ordre de 60%, donc pendant environ 10 ans, la quantité journalière de demande en eau, de la réaction G, est de 10 m^3/j. Ca qui est le de Borj Chakir.

9 - Perte au fond du casier

La perte au fond du casier « g » dépend de la perméabilité du terrain :

Pour un terrain argileux, la hauteur infiltrée est de 50610^{-4} mm/h ;

Pour un sol recouvert d'une géomembrane, la perte an fond du casier sera réduite à condition que les normes de pose de la géomembrane et les consignes d'exploitation soient respectées.

Pour le cas de la décharge du Borj Chakir, g est de l'ordre 2 m^3/j.

10 - Variation de l'accumulation du jus au fond du casier : ΔS

A la mise en service il s'établit normalement, progressivement, une rétention d'eau sur une hauteur d'environ 0,20 à 1 m.

Lorsque le niveau baisse an fond du casier, le débit de lixiviats augmente et inversement, le débit de lixiviats peut être réduit en laissant le niveau s'élever.

Mais il n'y a aucune donnée sur la situation du niveau du jus an fond du casier.

IV. Vérification du modèle de calcul au niveau de la décharge contrôlé de Borj Chakir

La décharge contrôlée de Borj Chakir a été prise comme modèle pour vérifier les procédures de calculs cité. Les résultats sont consignés dans le tableau.9.

Tableau.9 – Différence entre le calcul théorique et les données de la décharge de Borj Chakir

Année	Débits théoriques			Débit (fournis par l'exploitant)			observation
	Casier 1	Casier 2	total	Casier 1	Casier 2	total	
1999	240	-	240	250	-	250	Période d'exploitation casier1
2000	240	-	240	250	-	250	
2000	240	-	240	250	-	250	
2001	240	-	240	250	-	250	
2001	140	240	380	150	150	300	Période d'exploitation casier 2
2002	70	240	310	150	150	300	
2002	70	240	310	120	150	270	
2003	40	240	280	120	150	270	

Les données recueillies sur la décharge de Borj Chakir sont conformes à la réalité.

D'après les données du tableau.8, on constate que le casier 1 continu à produire des lixiviats, malgré sa fermeture : c'est le phénomène de cumulus des casiers. En effet, une fois le casier d'une décharge est capsulé, il continue à produire des lixiviats sous l'effet de l'auto tassement des couches supérieures sur les couches inférieures.

Le débit de production du casier capsulé est très significatif surtout pendant la première année qui suit son encapsulation. De ce faite, il est nécessaire de prendre en considération le cumul de production de plusieurs casiers pour la détermination du débit global de la décharge.

Pour le cas de la décharge de Borj Chakir, la production du casier n°1 est de 150 m^3/j des lixiviats pendant les12 mois après sa fermeture.

V. LES PARAMÈTRES PHYSICO-CHIMIQUES DES LIXIVIATS

Les paramètres physico-chimiques sont la température, l'apport en eau, la teneur en oxygène dissous, le pH, la teneur en sulfates et en nutriments qui peuvent influencer énormément sur la dégradation de la matière organique au niveau d'une décharge.

1- La température

La température enregistrée au niveau des lixiviats produits par les déchets existants dans la décharge de Borj Chakir varie entre 30 et 31,5°C, alors qu'au niveau de l'échantillon 11 contenant un lixiviat nouveau pomper à partir du casier 3, sa température atteint 40,2 °C (fig.19). Cette élévation de la température au niveau du lixiviat de l'échantillon 11 est l'une des conséquences de la fermentation anaérobique des déchets et en particulier de la dégradation de la matière organique par des microorganismes.

Pour les lixiviats produit par la décharge de Henchir el Yahoudia, les températures enregistrées varient de 25°c à 34,8°C. Ces valeurs sont proches de celles enregistrées dans la décharge de Borj Chakir *(Marzouki ; 2001)*.

Tableau.10 - Variation de la température niveau les échantillons des lixiviats de la décharge de Borj Chakir

N°des échantillons	1	2	3	4	5	6	7	8	9	10	11
La Température	30,9	30,7	31,2	31,1	31,3	31,2	31,4	31,4	31	32,5	40,3

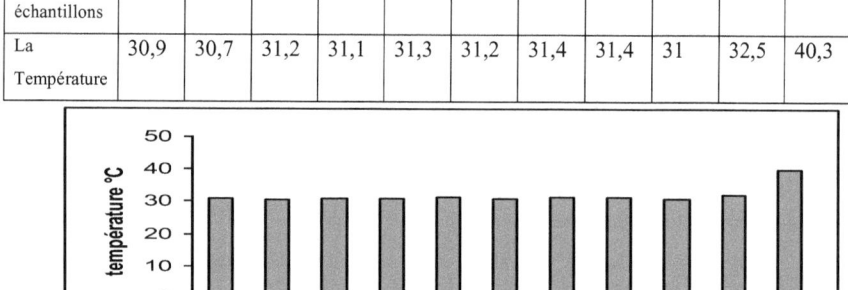

Fig. 19– Variation de la température au niveau les échantillons des lixiviats de la décharge de Borj Chakir

2- Le pH

Le pH des lixiviats varie de 6,44 au niveau du bassin en béton (échantillon10) jusqu'à 8,3 au niveau de l'échantillon 8 (bassin 8) alors qu' un lixiviat nouveau (échatillon11) son pH est de 6,05 (fig. 11).

Selon les données de l'ADEME : un lixiviat jeune possède un pH ≤ 6,5 qui augmente au cours du temps. Pour un lixiviat intermédiaire les valeurs du pH sont voisines de 7 et un lixiviat stabilisé à un pH > 7,5, donc plus le pH est acide plus le lixiviat est jeune on peut dire que les lixiviats des échantillons 10 et 11 sont des lixiviats jeunes, alors que les lixiviats dans les autres bassins sont des lixiviats intermédiaires qui tendent à stabiliser. Sachant que le pH des lixiviats de la décharge de Henchir El Yahoudia est basique. Il varie de 7,5 à 8 en période humide et de 7,5 à 7,7 en période estivale *(Marzouki ; 2001)*.

D'autre part, on sait que la rétention des métaux lourds dans les sols dépend beaucoup du pH En effet, les sols sont soumis à des précipitations de pH neutre pour former des hydroxydes, des sulfates et des carbonates.

Cependant, dans la décharge de Borj Chakir les lixiviats sont acides ou basiques donc ne favorisent pas la précipitation de micropolluants (tableau.11).

Tableau.11 - Variation du pH au niveau les échantillons des lixiviats de la décharge contrôlée de Borj Chakir

N°des échantillons	1	2	3	4	5	6	7	8	9	10	11
pH	7,85	8,11	8,2	7,57	8,26	8,05	7,94	8,3	8,05	6,44	6,05

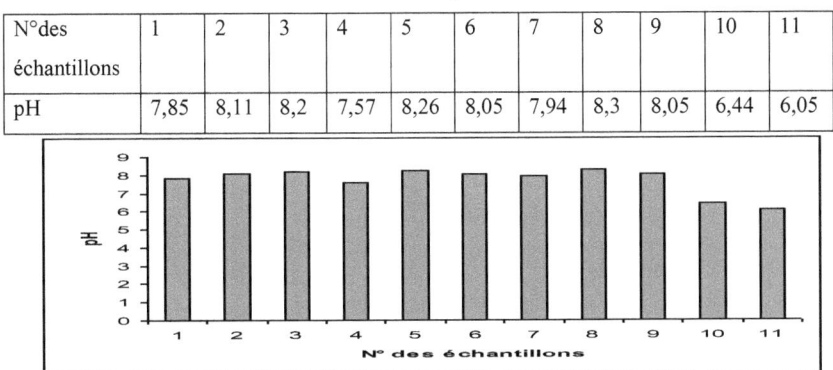

Fig. 20 Variation du pH au niveau les échantillons des lixiviats de la décharge contrôlée de Borj Chakir

3- L'oxygène dissous

Les valeurs de l'oxygène dissous enregistrées sont presque nulles. En effet, au niveau de l'échantillon 11 et de l'échantillon 10 on a enregistré des valeurs respectives de l'ordre 0,5 mg/l et 0,30 mg/l. Par contre, au niveau des autres bassins, les valeurs de O_2 dissous varient entre 1,5 mg/l et 2,75 mg/l (fig.21). Ces faibles valeurs sont dues à la dégradation de la matière organique qui s'effectue tout d'abord en consommant de l'oxygène emprisonné dans les déchets qui diminue progressivement jusqu'à l'épuisement et laisse s'installer les conditions de fermentation anaérobique. A titre de comparaison avec les analyses de l'oxygène dissous des lixiviats de la décharge de Henchir El Yahoudia ont révélé des teneurs nulles *(Marzouki ; 2001)*.

Tableau.12 - Variation de la quantité d'oxygène dissous au sein des échantillons des lixiviats

N°des échantillons	1	2	3	4	5	6	7	8	9	10	11
O_2 dissous	1,01	2,01	1,8	1,71	1,99	1,61	2,75	2,53	0,98	0,38	0,5

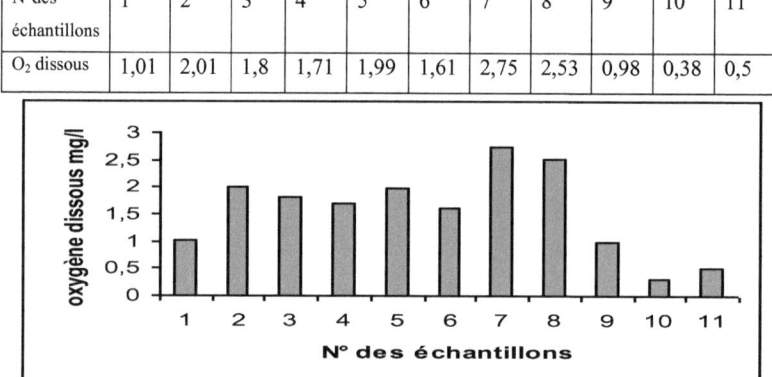

Fig. 21 Variation de la quantité d'oxygène dissous au sein des échantillons des lixiviats

4 – La conductivité

La conductivité électrique donne une idée sur la concentration en ions et en sels dissous dans une solution.

Les valeurs de la conductivité électrique mesurées au niveau des échantillons des lixiviats ont révélé des teneurs élevées qui varient de 28,5 ms/cm au niveau de l'échantillon 10 provenant du bassin construit en béton à 40 ms/cm au niveau du lixiviats de l'échantillon 11 provenant du casier 3 (fig.22).

Sachant que la conductivité électrique mesurée au niveau des lixiviats de la décharge de Henchir el Yahoudia varie de 31ms/cm à 51 ms/cm pour la période sèche et de 60 ms/cm à 33 ms/cm dans saison humide *(Marzouki ; 2001)*.

Tableau.13 - Variation de la conductivité au niveau les échantillons des lixiviats de la décharge Contrôlée de Borj Chakir

N°des échantillons	1	2	3	4	5	6	7	8	9	10	11
La conductivité	31,4	32,5	32,5	33	31,8	39	30,4	36,3	32,5	28,5	40

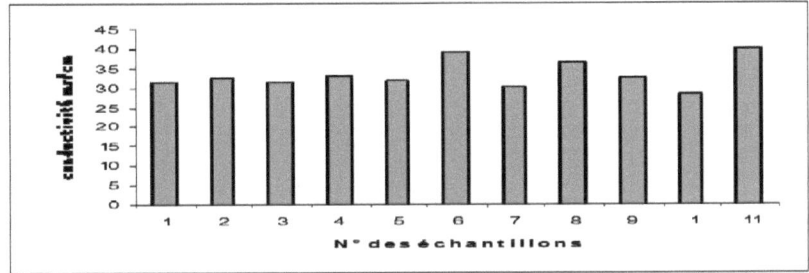

Fig. 22 Variation de la conductivité au niveau les échantillons des lixiviats de décharge contrôlée de Borj Chakir

VI. LES ELEMENTS NUTRITIFS

1- L'azote

a- Les nitrites NO_2^-

Les nitrites sont des indicateurs de pollution et qui sont très significatifs en terme de toxicité vu leur pouvoir oxydant.

Les teneurs en nitrites enregistrées au niveau de tous les bassins sont faibles et ne dépassent pas la norme tunisienne (NT 106-002) qui fixe une limite de 0,5 mg/l de NO_2^-. En effet, les concentrations des nitrites au niveau des échantillons des lixiviats varient entre 0,020 mg/l à 0,035 mg/l (fig.23).

Par contre au niveau des lixiviats de la décharge de Henchir el Yahoudia les teneurs en nitrites varient pendant la saison sèche de 0,5 mg/l à 3,3 mg/l alors que pendant la saison humides elles varient entre 0,7 mg/l et 1,4 mg/l. les teneurs enregistrées pendant les deux saisons dépassent la valeurs indiquée par la norme tunisienne.

Tableau.14 - Variation des nitrites au niveau les échantillons des lixiviats de la décharge contrôlée du Borj Chakir

N° des échantillons	1	2	3	4	5	6	7	8	9
NO_2^- (mg/l)	0,021	0,02	0,037	0,023	0,03	0,022	0,018	0,031	0,036

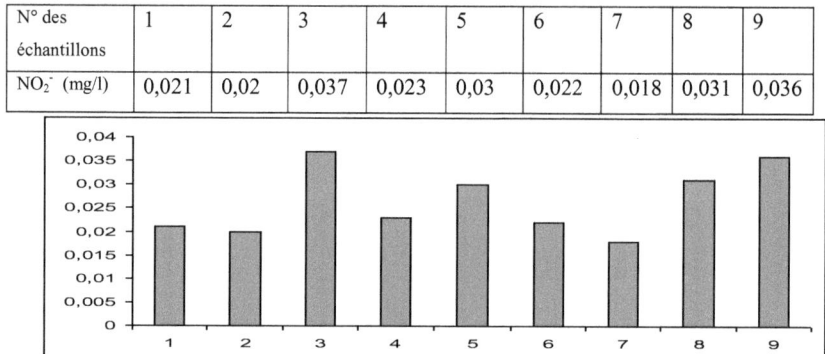

Fig. 23- variation des nitrites au niveau les échantillons des lixiviats de la décharge contrôlée de Borj Chakir

b - Les nitrates NO_3^-

Les lixiviats de la décharge de Borj Chakir sont faiblement chargés en nitrate dont la teneur varie entre 0,12 mg/l au niveau de l'échantillon 10 (bassin construit en béton) et 0,38 mg/l au niveau de l'échantillon 8 (bassin 8) (fig.24). Les teneurs enregistrées des nitrates ne dépassent pas la valeur indiquée par la norme tunisienne (NT 106-002) qui est de l'ordre 50 mg/l. Ainsi que, les lixiviats de la décharge de Henchir el Yahoudia sont aussi faiblement chargés en nitrates, dont les teneurs varient entre 0,7 mg/l et 1,4 mg/l, ces teneurs sont plus élevées à ceux enregistrées au niveau des lixiviats de la décharge de Borj Chakir.

Tableau.15 - Variation des la quantité des nitrates au niveau des bassins des lixiviats

N°des échantillons	1	2	3	4	5	6	7	9	10
NO_3^- (mg/l)	0,21	0,2	0,36	0,22	0,28	0,25	0,38	0,2	0,12

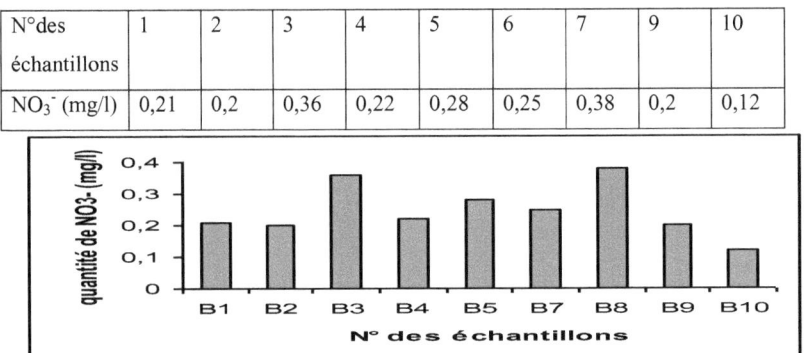

Fig. 24 Variation de la quantité des nitrates au niveau des bassins des lixiviats

c - L'azote ammoniacal (NH_4^+)

Les teneurs de NH_4^+ enregistrées au niveau de tous les bassins des lixiviats et au niveau de celui provenant du casier 3 sont largement supérieures à la norme Tunisienne qui fixe une limite maximale de 1 mg/l pour le rejet des eaux usées dans le milieu naturel.

Les teneurs en azote ammoniacal au niveau des lixiviats de la décharge contrôlée de Borj Chakir varient entre 98 mg/l au niveau du bassin 8 et de 865,5 mg/l au sein du bassin construit en béton (fig.25). Ces teneurs sont plus faible que ceux des lixiviats de la décharge de Henchir el Yahoudia qui varient entre 3,052 10^3 mg/l à 7,7611$0^3$ mg/l dans la période estivale et de 2,27 10^3 mg/l à 5,2 10^3 mg/l dans la période humide, la demunition des teneurs de l'azote ammoniacal dans la période humide est expliquée par la dilution des lixiviats par les eaux de pluies.

Tableau.16 - Variation de la quantité de NH_4^+ au niveau les échantillons des lixiviats

N° des échantillons	1	2	3	4	5	7	8	9	10
NH_4^+ (mg/l)	402,5	332,5	1400	350	910	476	98	875	1015

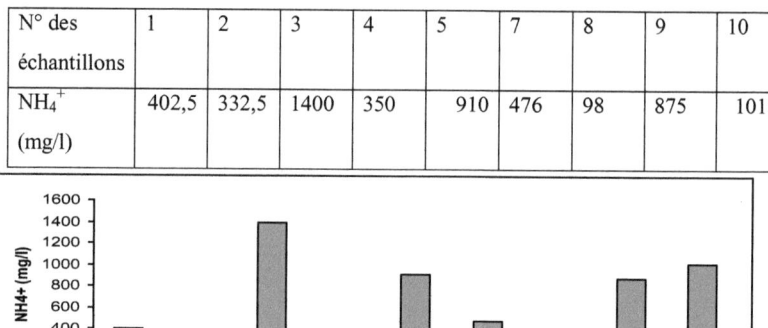

Fig. 25- Variation de la quantité de NH_4^+ au niveau les échantillons des lixiviats

d - L'azote Kjeldahl (NTK)

L'analyse des lixiviats provenant de la décharge contrôlée de Borj Chakir a révélé une grande charge en azote Kjeldahl au niveau de tous les bassins. Les teneurs enregistrées varient entre 70 mg/l (échantillon8) à 865,5 mg/l (échantillon 10) (fig. 26).

Aussi les analyses des lixiviats de la décharge de Henchir El Yahoudia ont montrées qu'ils ont une grande charge en azote Kjeldahl dont les teneurs varient entre pendant la période estivale de 3,167 10^3 mg/l à 5,187 10^3 mg/l alors que pendant la période humides, elles varient de 2,35 10^3 mg/l à 5,98 10^3 mg/l *(Marzouki ; 2001))*. Ce pendant que les valeurs de l'azote Kjeldahl enregistrés au niveau des lixiviats de la décharge de Henchir El Yahoudia sont plus élevées a ceux de la décharge de Borj Chakir (tableau.17)

Tableau. 17 - Variation de la quantité de l'azote Kjeldahl au niveau des bassins de lixiviats02

N° des échantillons	1	2	3	4	5	7	8	9	10
NTK (mg/l)	275	166,5	859	290	709	306,5	70	645	865,5

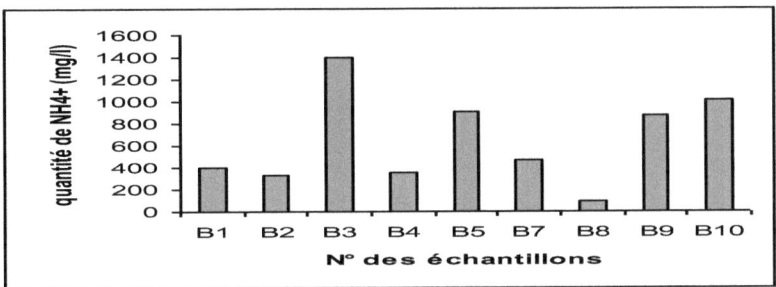

Fig. 26- Variation de la quantité de l'azote Kjeldahl au niveau des bassins de lixiviats

e - L'azote organique

Les teneurs en azote organique varient entre 28 mg/l au niveau de l'échantillon 8 et 541 mg/l au niveau de l'échantillon 3 (fig.27). Ces teneurs sont proche a ceux enregistrées au niveau des lixiviats de la décharge de Henchir El Yahoudia dont les concentration en azote organique varient de 426 mg/l à 31 mg/l au cours de la période sèche et de 20 mg/l à 2810 mg/l pendant la période humide.

Tableau.18 - Variation de la quantité de l'azote organique au niveau des bassins des lixiviats

N°des échantillons	1	2	3	4	5	7	8	9	10
Azote organique	127,5	166	541	60	201	169,5	28	230	149,5

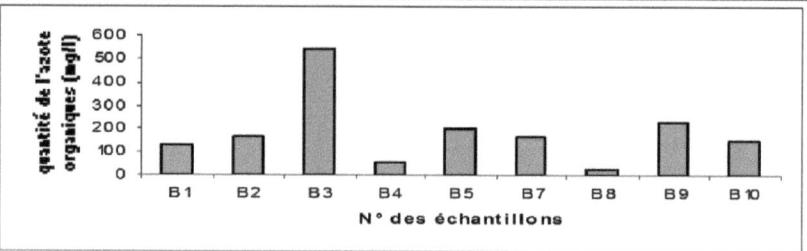

Fig. 27- Variation de la quantité de l'azote organique au niveau des bassins des lixiviats

f - Interprétation

En milieu aquatique, l'azote à l'état dissous est présent, sous forme d'ions ammonium (NH_4^+), nitrite (NO_2^-) et nitrates (NO_3^-).

La transformation de l'azote organique se fait en trois étapes :

➢ l'ammonification

Il s'agit d'une transformation de l'azote organique (les acides aminés par exemple) en ammonium par les bactéries ammonifiantes :

$$R-NH_2 + H_2O \longrightarrow R-OH + NH_3^+ + Q$$

$$NH_3 + H_2O \longrightarrow NH_4+ + OH^-$$

➢ la nitrification :

Cette phase se réalise en 2 étapes :

- la première constitue en une oxydation de l'azote ammoniacal en azote nitreux par le biais de bactéries nitreuses : Les nitrosommonas.

$$2\,NH_4^+ + 3\,O_2 \longrightarrow 2\,NO_3^-$$

- la seconde étape consiste à l'oxydation de l'azote nitreux sous l'effet d'une autre espèce de bactéries nitrifiante.

$$2\,NO_2^- + O_2 \longrightarrow 2\,NO_3^-$$

➢ **dénitrification**

Elle consiste en une réduction de l'azote nitrique NO_3^-, en azote nuiteux puis en azote gazeux N_2. Il s'agit d'une réaction microbienne qui met en cause un certain genre de microflore (bactéries sporophytes). Cette réaction de dénitrification se fait à partir du glycose, à température ambiante à pH alcalin.

Les analyses des différentes formes de l'azote au niveau des échantillons des lixiviats de la décharge de Borj Chakir ont montré des faibles teneurs en nitrates et nitrites alors que les teneurs en azote ammoniacal sont élevées.

Ces résultats sont expliqués par un blocage de la phase de nitrification qui est une conséquence de l'absence d'oxygène. En effet, les déchets se trouvent dans des conditions anaérobies, démontrées par le dosage de l'oxygène dissous au niveau des lixiviats qui a révélé des teneurs très faibles. Par contre, la phase d'ammonification se déroule d'une façon normale ce qui explique les teneurs élevées de l'azote ammoniacal au niveau de tous les bassins.

2- Les orthophosphates

Les teneurs en orthophosphates au niveau des échantillons des lixiviats analysées montrent des valeurs élevées qui dépassent la norme tunisienne (NT 106-002) qui fixe une valeur de l'ordre 0,05 mg/l. En effet, les valeurs enregistrées varient d'un minimum de 1,08 mg/l au niveau du bassin 7 (écahntillon7) et à un maximum de 2,31 mg/l au niveau du bassin construit en béton (échantillon10) (fig.28).

Les valeurs en orthophosphates enregistrées sont proches à ceux des lixiviats de la décharge de Henchir El Yahoudia dont les teneurs varient entre 0,07 mg/l à 0,24mg/l.

Tableau.19 - Variation de la quantité des orthophosphates au niveau des bassins des lixiviats

N°des échantillons	1	2	3	4	5	7	8	9	10
Orthophosphates en mg/l	1,36	1,24	2,85	1,96	1,72	1,08	1,13	2,03	2,31

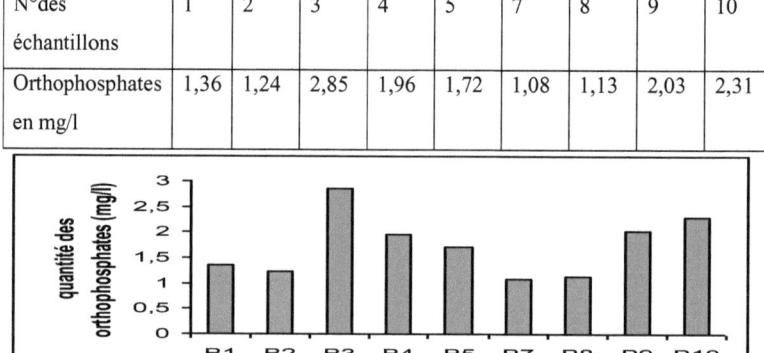

Fig. 28 - Variation de la quantité des orthophosphates au niveau des bassins des lixiviats

VII. CARACTÉRISATION DE LA MATIÈRE ORGANIQUE

La matière organique constitue la principale composante des lixiviats pour cette raison on a effectué des mesures des paramètres habituels de caractérisation de la matière tels que DCO, le DBO5.

1 - La demande chimique d'oxygène DCO

Les valeurs de DCO enregistrées dans les échantillons des lixiviats sont élevées, elles varient entre 6 811 mg O_2/l au niveau de l'échantillon 3 (du bassin 3) et atteint 9457 mg O_2/l au niveau de l'échantillon 11 (fig.29).

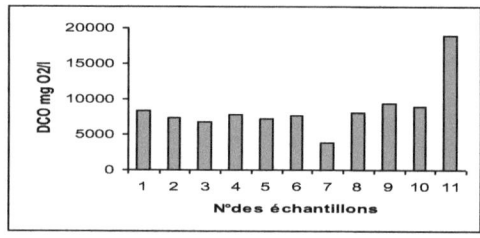

Fig. 29- Variation de la DCO au niveau des lixiviats de Borj Chakir

D'après Chambon et al (2000), un lixiviat est facilement biodégradable lorsqu'il possède une DCO supérieur à 2000 mg O_2/l. Il est difficilement biodégradable lorsque son DCO est inférieur à 2000 mg O_2/l.

Alors que, l'ADEME qualifié un lixiviat jeune lorsqu'il possède une charge organique élevée c'est-à-dire une DCO supérieure à 20000 mg O_2/l. Il est qualifié d'intermédiaire lorsque sa charge organique est forte donc une DCO comprise entre 3 000 mg O_2/l et 15 000 mg O_2/l, et en fin un lixiviat est dite stabiliser lorsque sa charge organique est assez faible donc la DCO est inférieur à 2 000 mg O_2/l.

La majorité des échantillons possèdent des teneurs de DCO qui varient entre 3 000 et 15 000 mg O_2/l dont leurs lixiviats sont intermédiaire, à l'exception de l'échantillon 11 qui présente une valeur de DCO de l'ordre de 19 012 mg O_2/l inférieure à 20 000 mg O_2/l, ce dernier est qualifié d'un lixiviat jeune.

Ainsi que, les teneurs de la DCO des lixiviats de la décharge de Henchir El Yahoudia varient entre 10535 mg O_2/l et 27263 mg O_2/l en période sèche alors qu'en période humide elles varient de 3735 mg O_2/l à 20565 mgO_2/l. ce qui montre que ces lixiviats sont de type intermédiaire.

Tableau.20 – Résultats des analyses de DCO et de DBO5 des lixiviats du Borj Chakir

échantillons	1	2	3	4	5	6	7	8	9	10	11
DCO mg O_2/l	8379	7399	6811	7742	7152	7644	3822	8036	9457	8918	19012
DBO5 mg O_2/l	1866	1128	1518	1105	642	842	1052	1192	397	2840	5947
DBO5/DCO	0,22	0,15	0,22	0,14	0,089	0,11	0,27	0,15	0,04	0,31	0,31

2 - Demande biochimique en oxygène en 5 jours (DBO5)

Les valeurs de DBO5 sont relativement faibles comparés à celle de DCO, en effet ces teneurs varient entre 397 mg O_2/l au niveau de l'échantillon 9 (bassin 9) et 5947 mg O_2/l au niveau de l'échantillon 11 (lixiviat nouveau pomper).

Les valeurs de DBO5 des lixiviats de la décharge de Borj Chakir sont proches à ceux enregistrées au niveau de la décharge de Henchir el Yahoudia pendant la période humide. En effet, dans cette période, les teneurs de DBO5 des lixiviats ce cette décharge varient entre 400 mg O_2/l à 1500mg O_2/l, alors que pendant la période sèche les teneurs de DBO5 varient entre 1168 mgd'O_2/l et 12785 mgO_2/l. les faibles teneurs enregistrées dans la période humide est du à la délutions des lixiviats.

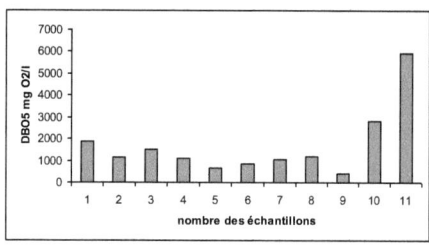

Fig. 30- Variation de la DBO5 au niveau des lixiviats du Borj Chakir

3 - Biodégradabilité (DBO$_5$/DCO)

d'après les données de l'ADEME (1996), un lixiviat est dit jeune lorsque sa biodégradabilité est supérieure à 0,3, il est intermédiaire lorsque la DBO5/DCO est comprise entre 0,1 et 0,3 et en fin un lixiviat est dit stabilisé lorsqu'il possède une biodégradabilité inférieure à 0,1.

Les valeurs du rapport DBO5 / DCO sont supérieurs à 0,3 au niveau les échantillons 10 et 11 donc il s'agit des lixiviats jeunes au niveau du bassin construit en béton et de celui pomper du casier 3 (tableau.20).

Par contre, on trouve des lixiviats intermédiaires provenant des bassins 1, 2, 3, 4, 6, 7 et 8. En plus, le rapport DBO5 / DCO nous permet de constater qu'il y a des lixiviats stabilisés au niveau des bassins 5 et 9 de la décharge contrôlée de Borj Chakir.

Le bassin en béton fut le premier bassin a fonctionné dés l'ouverture de la décharge, les analyses ont montrées que ces lixiviats sont jeune au lieu d'être stabilisés ou intermédiaires tend d'être stabilisés. En effet, les lixiviats relatifs de ce bassin sont mélangés avec ceux du casier 3.

VIII. LA MATIERE EN SUSPENSIONS (MES)

Les teneurs en MES enregistrées au niveau de tous les échantillons provenant des bassins des lixiviats de la décharge contrôlée de Borj Chakir dépassent la norme tunisienne (NT 106-002) qui est de l'ordre 30 mg/l, alors que les valeurs mesurées varient entre 80 mg/l au niveau de l'échantillon 3 et 2 100 mg/l au niveau de l'échantillon 11 (fig.31).

Tableau.21 - Variation de la matière en suspension au niveau des lixiviats de Borj Chakir

N°des échantillons	1	2	3	4	5	6	7	8	9	10	11
MES (mg/l)	180	140	80	115	100	88	80	84	780	560	2100

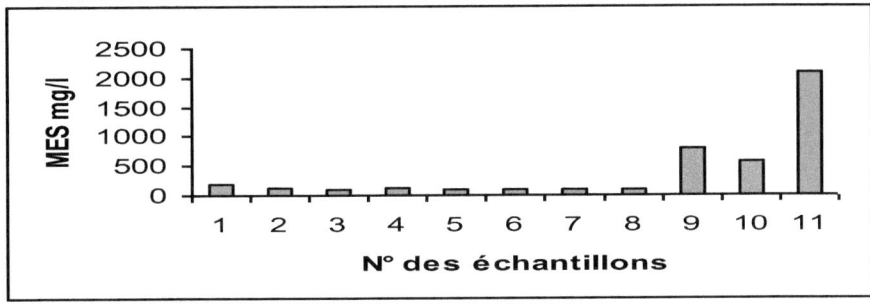

Fig. 31 Variation de la matière en suspension au niveau des lixiviats de Borj Chakir

IX. DOSAGE DES ELÉMENTS TRACES

1- Généralité : origine des métaux lourds dans les lixiviats :

Les lixiviats sont le résultat d'infiltration, de ruissellement des eaux qui se percolent à travers la masse des déchets enfouis se chargeant en matière organique, minérale et en éléments métalliques.

Ces derniers ont comme origine : les métaux, les matières fines, le plastique (surtout PVC et le polyéthylène). Le cuir et les caoutchoucs, le laques, les piles et les papiers imprimés (tableau.22)

Tableau 22 - Teneurs des métaux lourds des différents composant des ordures ménagères standard (Rousseaux, 1988)

Composants	Teneurs des métaux lourds (ppm)						
	Cd	Cr	Hg	Pb	Cu	Ni	Zn
Plastiques	50	91	0,3	460	195	58	449
Papiers et cartons	0,4	23	0,4	255	55	7	255
Matières organiques	1,7	32	1	480	117	29	390
Textiles	6,5	110	0,3	64	190	-	459
Caoutchoucs et cuirs	11	3200	0,3	391	1576	53	4700
Métaux ferreux	0,2	166	0,5	3064	1293	-	143
Métaux non ferreux	83	238	2,9	620	-	-	19300
Verre	-	169	-	56	20	15	59
Matières fines<20 mm	1,7	-	0,3	758	820	-	750
----------------->10 mm	2,2	28	1	521	315	42	881
O.M (standards) globales	5,3	50-70	3,4	268-320	149	16	634

- le zinc : se trouvent dans des objets divers par exemple le caoutchouc, les piles ect ;
- le plomb : apparaît dans les accumulateurs, sous forme de pigments et de stabilisants au plomb, par exemple : les câbles en PVC, les tubes, les capsules, les feuilles métalliques, l'étain à soudage ect ;
- le cuivre : se trouve dans les vis, les fermetures éclaires en laiton, les crayons à bille, les fils de cuivres ect;
- le chrome : se trouve essentiellement dans les cuirs, l'acier, les matériaux traités au chrome et les caoutchoucs ;
- le nickel : se trouve dans les piles, les plastiques, les cuirs et les caoutchoucs.

En conclusion les ordures ménagères contiennent des éléments polluent en grande quantité comme le zinc le plomb le cuivre le cadmium ect.

2 - Dosage des éléments traces au niveau des lixiviats de la décharge de Borj Chakir

Le dosage des éléments traces a été effectué sur 11 échantillons dont 10 provenant des 10 bassins de la décharge et un échantillon provenant d'un lixiviat issu du casier 3. Les résultats sont représentés dans le tableau.23.

Tableau.23 – Résultats des analyses des éléments traces dans les lixiviats de la décharge contrôlée de Borj Chakir

échantillons	Zn (mg/l)	Pb (mg/l)	Cd (mg/l)	Mn (mg/l)	Cu (mg/l)	Fe (mg/l)	Al (mg/l)
1	1,04	-	-	0,086	0,156	6,051	-
2	0,434	-	-	0,045	0,090	4.17	-
3	0,201	-	-	0,072	0,066	5,28	-
4	0,191	-	-	0,108	0,150	4,02	-
5	0,108	-	-	0,07	0,062	5,15	-
6	0,156	-	-	0,082	0,096	3,91	-
7	0,205	-	-	0,141	0,123	3,12	-
8	0,133	-	-	0,082	0,034	5,62	-
9	0,170	-	-	0,113	0,275	6,91	-
10	0,149	1,70	0,25	4,19	0,152	19,7	-
11	0,162	-	-	-	-	2,65	-
NT	5	0,1	0,005	0,5	0,5	0,5	5

a- Interprétation
➲ Le zinc

Les teneurs en zinc au niveau des échantillons des lixiviats de la décharge contrôlée de Borj Chakir varient entre 0,108 mg/l (échantillon 5) et 1,04 mg/l (échantillon 1). Ces teneurs ne dépassent pas la norme tunisienne qui indique une valeur de l'ordre de 5 mg/l (fig.32)

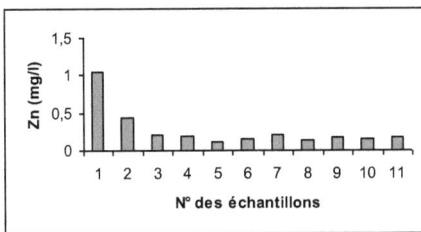

Fig. 32 Variation de Zn^{2+} au niveau les échantillons des lixiviats

Les teneurs en zinc des lixiviats de la décharge de Borj Chakir sont faibles par rapport à ceux de la décharge de Henchir El Yahoudia dont les teneurs varient entre 1,5 mg/l à 26 mg/l et qui dépassent la valeur indiquée par la norme tunisienne.

➲ **Le plomb**

Le plomb n'existe qu'au niveau de l'échantillon 10 avec une valeur de l'ordre de 1,70 mg/l qui dépasse la norme tunisienne qui fixe une valeur de l'ordre de 0,1 mg/l (tableau.23).

Par contre les lixiviats de la décharge de Henchir El Yahoudia sont chargés en plomb dont les teneurs varient entre 0,8 mg/l à 4,6 mg/l et dépassent la norme.

➲ **Le cadmium**

On trouve le cadmium que dans l'échantillon 10 dont la valeur est l'ordre de 0,25 mg/l et qui dépasse la valeur fixée par la norme tunisienne qui est de l'ordre de 0,005 mg/l (tableau.23).

➲ **Le manganèse**

Les teneurs en magnésium enregistrées au niveau les échantillons des lixiviats ne dépassent pas la norme tunisienne qui fixe une valeur de l'ordre de 0,5 mg/l à part l'échantillon 10, on enregistre une valeur de l'ordre de 4,19 mg/l qui dépasse la norme (fig.33)

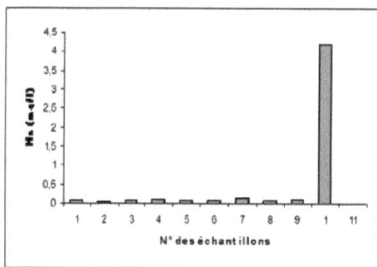

Fig. 33 - Variation de Mn^{2+} au niveau les échantillons des lixiviats provenant de la décharge de Borj Chakir

➲ **Le cuivre**

Les teneurs en cuivre enregistrées au niveau les échantillons des lixiviats varient entre 0,034 mg/l (échantillon 8) et 0,275 mg/l (échantillon9).

Les teneurs enregistrées ne dépassent la norme tunisienne qui fixe une valeur de l'ordre de 0,5 mg/l. En plus, on remarque le cuivre est absent au niveau de l'écahntillon11 c'est-à-dire au niveau des lixiviats provenant du casier 3 (nouveau pomper) (fig. 34).

Ainsi que, les lixiviats de la décharge de Henchir El Yahoudia sont plus riche en cuivre. En effet, les teneurs enregistrées varient entre 0,1 mg/l à 4,1 mg/l et supérieures à la norme.

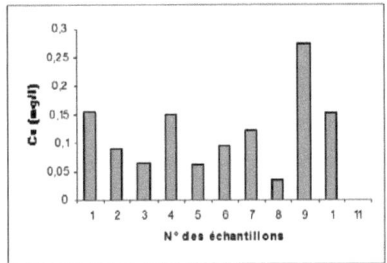

Fig. 34 - Variation de Cu^{2+} au niveau les échantillons des lixiviats

➲ **Le fer**

Les teneurs en fer enregistrées au niveau les échantillons des lixiviats de la décharge de Borj Chakir varient entre 2,65 mg/l (échantillon11) et 19,7 mg/l (échantillon 10). Les teneurs en fer dépassent la valeur indiquée par la norme tunisienne qui est de l'ordre de 0,5 mg/l (fig. 35).

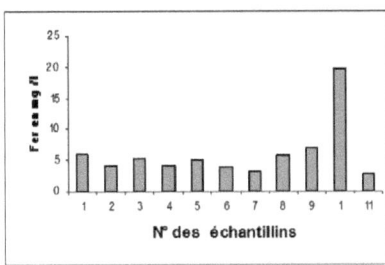

Fig. 35 - Variation de Fe^{2+} au niveau les échantillons des lixiviats

b- Conclusion

La faible teneur des éléments en traces au niveau des lixiviats de la décharge de Borj Chakir est due au développement des opérations des Eco-lefs de ces produits comme le cas des produits en plastiques, les piles et les produits en cartons qui sont destinés essentiellement aux recyclages.

D'autre part, les analyses des éléments traces au niveau des lixiviats ont révélé que ceux seulement du bassin en béton contiennent des teneurs élevées plomb et en cadmium qui dépassent la norme tunisienne. En effet, les lixiviats de ce bassin, proviennent essentiellement du casier 1 et d'après les données du tableau.22, on peut dire que les déchets enfouis au niveau de ce dernier contiennent une grande quantité de plastiques, de caoutchoucs, de cuirs et de papiers et des piles. En effet, l'exploitation de ce casier a été réalisée avant le développement des activités des Eco–lefs.

La comparaison des teneurs des éléments traces au niveau des lixiviats de la décharge contrôlée de Borj Chakir aux ceux de la décharge de Henchir El Yahoudia montre que ces derniers sont plus chargés en éléments traces ce qui montre bien le bénifie des opérations des Eco_lefs pour la réduction des ces éléments dans les lixiviats par la suite la demunition de la pollution du milieu environnants de la décharge et les eaux de la nappé et de surface par ces éléments. Malgré, les fortes teneurs des éléments traces dans les lixiviats de la décharge de Henchir el Yahoudia paraport à ceux de la décharge de Borj Chakir sont considérés faiblement chargées en ces éléments par rapport aux lixiviats de l'AFNOR (tableau.24) .

Tableau.24- Caractéristiques moyennes des lixiviats d'ordures ménagères suivant la norme AFNOR X 31.210

paramètres	Unité	Valeur limites
Paramètres globaux de pollution		
pH		4.5 à 9
Résidu sec	mg/l	Variable
Conductivité	ms/cm	2 500 à 25 000
Eh	mv	220 à 163
COT	mg C/l	30 à 27 700
DBO5	mgO2/l	20 à 57 000
DCO	mg N/l	140 à 90 000
NTK	mg P/l	14 à 2 500
Pt	mg/l	0.1 à 20
Huiles et graisses	mg/ABS	
Détergents		
Paramètres spécifiques, sels, métaux lourds		
Chlorure	mg/l	150 à 4 500
Sulfate	mg/l	8 à 7 750
Carbonates	mg/l	610 à 7 320
Sodium	mg/l	70 à 7 700
Potassium	mg/l	50 à 3 700
Ammonium	mg/l	50 à 1 800
Calcium	mg/l	10 à 7 200
Manganèse	mg/l	0.03 à 1 400
Cadmium	mg/l	0.0001 à 0.4
Chrome	mg/l	0.02 à 1.5
Cuivre	mg/l	0.0005 à 10
Fer	mg/l	3 à 5 500
Plomb	mg/l	0.001 à 5
Nickel	mg/l	0.005 à 13
zinc	mg/l	0.03 à 1000
Bactéries		
Streptocoques fécaux	UFC/ml	0.1 à 3.106
Coliformes totaux	UFC/ml	0.2 0.1 à 106

X. LES HUILES ET LES GRAISSES VÉGÉTALES USAGÉES

Les analyses des huiles et des graisses végétales usagées sont réalisées depuis l'année 1999 jusqu'a 2004 sur deux échantillons de lixiviats provenant des casiers 1 et 2. Ces analyses sont effectuées au niveau des laboratoires de CITET (tableau.25).

On remarque qu'il y a une grande quantité en huiles et graisses végétales usagées qui dépasse la norme tunisienne (NT 106-002).

Tableau.25 - Résultats des analyse de la quantité des huiles et graisses depuis 1999 jusqu'à 2004

Année	Casier	Quantité en mg/l	Etat du casier
1999	1	9 806	Ouverture du casier
2000	1	19 200	
2001	1	20 800	Casier plein
2002	2	25 553	
2004	1	465 2 170	Fermé depuis 2 ans
2004	2		Ouvert

On peut vérifier la présence des huiles et les graisses dans les bassins de la décharge et sur un échantillon, en effet après décantation, nous constatons la présence d'une pellicule d'huile surnagent de 0,5 à 1 mm d'épaisseur. Dans le fond, il y a une couche de sédiments de 2mm d'épaisseur. La pellicule d'huile est physiquement dure.

Les huiles et les graisses végétales sont des mélanges de triglycérides (ester des glycérol et acide gras ($C_5C_6O_6$-R1 à 3 chaîne de carbonée), phospholipides, aldéhyde (allylpropyl, diallyl) et esters méthyliques, difficilement solubles, biodégradables. Elles ont les effets suivants :

- ➤ déversées dans les bassins elles forment à la surface une pellicule liquide imperméable au niveau de l'interface air/eau. Cette pellicule empêche l'oxygénation de l'eau ;
- ➤ cette couche plus au moins épaisse, qui forme une croûte plus ou moins dure gêne le métabolisme des bactéries responsables de la dégradation des matières organiques et la décantation des boues activées,
- ➤ les huiles et graisses stagnent des odeurs nauséabondes ;

- la fermentation anaérobie de ces résidus organiques entraîne la formation de gaz dangereux tels que l'hydrogène sulfuré (H_2S) ;
- les acides gras libres qui se forment, attaquent le béton et les canalisations ;
- les huiles et les graisses participent de façon importante à la charge polluante des lixiviats, augmentent considérablement la DCO ;
- elles deviennent dangereuses lors d'une exposition à une flamme ou un oxydant puissant.

Des analyses de ces huiles et graisses réalisées par l'Office National des Huiles, ont montré qu'il s'agissait surtout d'huiles de graine avec des traces de graisses animales.

XI. CONCLUSION

Au niveau de la décharge contrôlée de Borj Chakir on trouve des lixiviats jeunes et d'autres intermédiaires en tendance de stabiliser. En effet, les lixiviats sont fortement chargés en azote (surtout ammoniacal et Kjeldahl, en matière organique (DCO, DBO_5), en matières en suspensions et en huiles et graisses végétales usagées dont leurs valeurs dépassent la norme tunisienne (NT 1006-002). Pour cette raison les lixiviats de la décharge contrôlée du Borj Chakir ne peuvent pas être rejeter dans le milieu naturel qu'après leurs traitements parce qu'ils peuvent conduire à la pollution du milieu environnant. On remarque aussi qu'ils ne contiennent pas une grande quantité d'éléments métalliques.

D'autre part, si on compare les valeurs trouvées dans nos analyses des lixiviats à ceux des valeurs du tableau.24 (AFNOR 31.210) nous constatons que :

- les valeurs de DCO et deDBO5 sont très proches de la limite maximale fixée par la norme AFNOR ;
- parfois on trouve des éléments traces au niveau des lixiviats cas du bassin en béton comme le plomb et le cadmium
- nos lixiviats contiennent une très grande quantité d' huiles et des graisses végétales usagées qui ne figurent pas dans les lixiviats de la norme AFNOR.

Chapitre VII :
Degrés de contamination des eaux et des sédiments

I. INTRODUCTION

Dans le but d'étudier l'impact des lixiviats de la décharge contrôlée de Borj Chakir sur le milieu environnant tel que les eaux de surface, les eaux de la nappe et des sédiments. En effet, 2 échantillons l'oued Bir El Jazzar ont été prélevés. Un échantillon a été prélevé au niveau de la décharge prés du bassin en béton (E1) et l'autre après de village Bir El Jazzar (E2). Par contre, un seul échantillon est prélevé à partir d'un puits situé au niveau du village El Jazzar (Fig.18). Par contre, pour étudier le degré de contamination des sédiments par les lixiviats de la décharge et leurs capacité d'auto-épuration, des analyses minéralogiques et géochimiques ont été effectuées sur 11 échantillons des sédiments ont été prélevés dans la région de la décharge et du milieu environnant (Fig.17). En outre, on a prélevé des échantillons de la décharge et de ses environnement à partir de la surface (10 cm de profondeur) alors qu'au niveau de la région S6 on a prélevé 5 échantillons selon une profondeur de 4 mètres, ce pendant, au niveau de la région S5 près les bassins des lixiviats on a prélevé 2 échantillons.

II. ETUDE DU DEGRE DE CONTAMINATION DES EAUX DU SURFACE

1- Les paramètres physico-chimiques

Les résultats des analyses des paramètres physico-chimiques tels que la température, le pH et la conductivité sont portés au niveau du tableau.25.

a- La température

La température au niveau des deux échantillons E1 et E2 est respectivement 30,8 °C et 31,6 °C qui dépassent la valeur indiquer par la norme tunisienne qui fixe une température inférieure à 25 °C. Cette différence de température entre celle de la norme et des échantillons peut être due d'une part à la dégradation de la matière organique au fond de l'oued et qui peut dégager de la chaleur, d'autre part l'évacuation des lixiviats qui contiennent une grande quantités des huiles et des graisses usagées qui flottent à la surface et peut empêcher l'échange thermique avec le milieu extérieur.

b- Le pH

Les valeurs du pH enregistrées pour les deux échantillons sont respectivement : 6.75 pour E1 alors pour E2 est de l'ordre 7.40 qui ne dépassent pas la norme tunisienne qui fixe un pH compris entre 6,5 et 8,5.

c- L'oxygène dissous

Les teneurs en oxygène dissous des eaux de surface sont de l'ordre de 1,4 mg/l au niveau de E1 et 2,27 mg/l au niveau de E2.

Ces faibles teneurs en oxygène dissous est du que l'oued Bir el Jazzar reçoit des grandes quantités des lixiviats à partir du bassin en béton et d'après les analyses qui ont montrées que ces derniers contiennent des huiles et des graisses usagées qui forment une couche flottante sur les eaux de l'oued empêchant l'échange de l'oxygène avec le milieu extérieur (photoII.).

d- La conductivité

La conductivité électrique des échantillons E1 et E2 est presque identique. Elle est égale à 21,6 ms/cm pour E1 et 20,5 ms/cm pour E2 (tableau.26).

Tableau.26 - Analyse et mesure de quelques paramètres physico-chimiques des eaux de surfaces prélevées à partir de E1 et E2

échantillons	La température en °C	La conductivité en ms/cm	PH
E1	30,8	21,6	6,75
E2	31,6	20,5	7,4

3 - Les éléments nutritifs

Les analyses des éléments nutritifs ont été effectuées sur E1 seulement c'est-à-dire sur l'échantillon provenant de l'oued au niveau de la décharge contrôlée de Borj Chakir.

a- L'azote

- **Dosage des nitrites**

Les nitrites peuvent être rencontrés dans les eaux de surface, mais généralement à des faibles doses. Ils proviennent soit d'une oxydation incomplète de l'ammoniaque soit une réduction des nitrites sous l'influence d'une action dénitrifiante les éléments nutritifs.

La valeur des nitrites dosée au niveau de l'échantillon E1 est de l'ordre de 0,022 mg/l, qui ne dépasse pas la norme tunisienne qui fixe une valeur de l'ordre 60 mg/l.

- **Dosages des nitrates**

La valeur des nitrates dosée au niveau E1 est de l'ordre 0,33 mg/l ; cette valeur ne dépasse pas la norme tunisienne qui indique une valeur de l'ordre 50 mg/l.

b- L'azote Kjeldahl

La teneur de l'azote Kjeldahl enregistré est de l'ordre 85,5 mg/l ; on remarque que cette valeur dépasse la norme tunisienne qui fixe une valeur de l'ordre 1mg/l.

c- L'azote ammoniacal

Le dosage de l'azote ammoniacal au niveau de l'échantillon a révélé une valeur de l'ordre de 112 mg/l qui dépasse la norme Tunisienne (NT106-002) qui fixe une valeur de l'ordre 1mg/l.

d- L'azote organique

La teneur de l'azote organique enregistrée est de l'ordre 26,5 mg/l et qui dépasse la valeur indiquée par la norme tunisienne (NT 106-002) qui est de l'ordre 1mg/l.

4 - Caractérisation de la matière organique

- **Demande chimique en oxygène (DCO)**

Les valeurs de la DCO enregistrées au niveau des échantillons E1 et E2 sont respectivement 833 mg O_2/l et 838 mg O_2/l alors que la norme tunisienne qui indique un maximum de DCO de l'ordre 90 mg O_2/l. Ce qui montre une pollution organique qui peut provenir à partir des lixiviats de la décharge et essentiellement du bassin en béton vu de son emplacement par rapport à l'oued.

5 - La matière en suspension (MES)

Les valeurs de MES enregistrées au niveau de deux échantillons E1 et E2 prélevées de l'oued Bir El Jazzar sont respectivement 400 mg/l et 100 mg/l et ces deux valeurs dépassent la norme tunisienne (NT 106-002) qui indique une valeur de l'ordre 30 mg/l.

6 - Interprétation

Comme dans le cas des lixiviats, on remarque que les concentrations en nitrites et nitrates au niveau des eaux de surface sont très faibles à nulles par contre, les teneurs en azote ammoniacal, Kjeldahl et organique sont relativement élevées à côté, on trouve une grande quantité de matière organique et de matière en suspension.

On peut dire que l'origine de la pollution des eaux de la surface est les lixiviats de la décharge qui proviennent essentiellement du bassin en béton (photo.II). En effet, les eaux de l'oued ont la même coloration que les lixiviats brunâtres. En plus, les habitants de la région Bir El Jazzar jettent leurs déchets au niveau de l'oued à côté de l'utilisation des engrais chimiques ce qui augmente la pollution et l'élévation de la teneur en nitrate au niveau des eaux de l'oued (photoVI).

7- Les orthophosphates

Le dosage des orthophosphates dans l'échantillon a révélé une valeur égale à 1,12 mg/l dépassant la norme tunisienne qui indique une valeur de l'ordre de 0,05 mg/l (tableau.27).

Tableau.27- Résultats des analyses des éléments nutritifs au niveau d'un échantillon prix de l'oued Bir El Jazzar

échantillons	NO_2^- (mg/l)	NO_3^- (mg/l)	NH_4^+ (mg/l)	Azote organique (mg/l)	Azote Kjeldahl (mg/l)	HPO_4^{2-} (mg/l)
E1	0,02	0,33	112	85,5	26,5	1,12
NT	0.5	50	1	1	1	0,05

8- Dosage des éléments traces

Les résultats sont portés dans le tableau.28.

Tableau .28 - Analyse et mesure de quelque éléments traces

échantillons	Zn (mg/l)	Pb (mg/l)	Cd (mg/l)	Mn (mg/l)	Cu (mg/l)	Fe (mg/l)	Al (mg/l)
E1	0,178	-	0,08	0,135	0,056	0,091	-
E2	0,189	-	-	0,077	0,01	0,05	-
NT	5	0,1	0,005	0,5	0,5	1	5

◘ **Interprétation**

Le dosage des éléments traces tel que le Pb, Zn, Cu, Mn et Al dans les eaux de surface a révélé que des teneurs sont inférieurs a ceux indiquées par la norme tunisienne NT 106.002 (fig. 36, 37, 38, 39 et 40). Alors que le dosage du cadmium a révélé que ce dernier est absent au niveau de E2 alors qu'il existe au niveau de E1 avec une teneur de l'ordre 0,08 mg/l et qui dépasse la valeur indiquée par la norme tunisienne qui fixe une valeur de l'ordre de 0,005 mg/l (Fig.40). En effet, L'origine du cadmium est attribuée aux lixiviats du bassin en béton vu à son emplacement par rapport à l'oued Bir el Jazzar (photo II). En outre au niveau ces lixiviats on a trouvé une valeur de cadmium est de l'ordre de 0.25 mg/l (tableau.10)

Donc, les lixiviats de la décharge jouent un rôle important dans la pollution des eaux de surfaces puisque les analyses ont montées une similitude entre ceux des lixiviats et les eaux de surface.

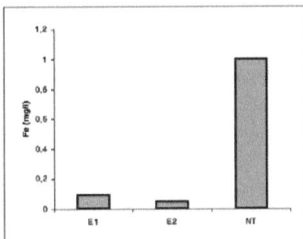

Fig.36 – Variation des teneurs en fer dans les eaux de surface

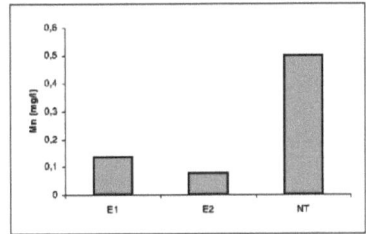

fig.37 – Variation des teneurs en magnésium dans les eaux de surface

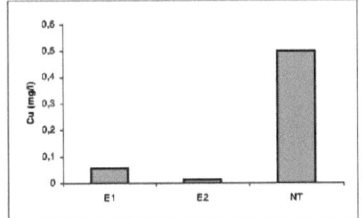

Fig.38 - Variation des teneurs en cuivre dans eaux dans les deux échantillons E1 et E2

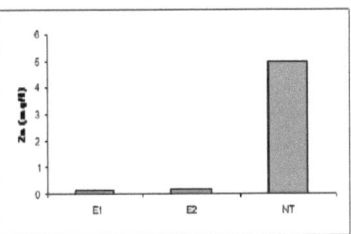

fig.39 – Variation des teneurs en zinc dans les eaux de surface

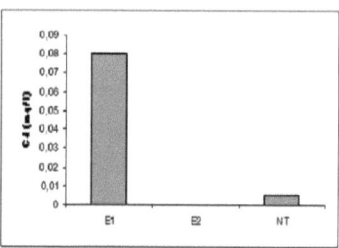

Fig.40 - Variation des teneurs en cadmium dans les deux échantillons E1 et E2

9- Dosage des éléments majeurs

Le dosage des éléments majeur au niveau de deux échantillons de l'eau de surfaces a révélé des valeurs qui dépassent ceux indiquées par la norme tunisienne (NT 106-002) (tableau.29).

Tableau. 29 - Analyses et mesures des éléments majeurs

Echantillons	Na^+ (mg/l)	Mg^{2+} (mg/l)	K^+ (mg/l)	Ca^{2+} (mg/l)	SO_4^{2-} (mg/l)	Cl^- (mg/l)
E1	1000	140	30	250	810	1540
E2	1020	140	30	250	710	1710
NT	300	200	50	500	600	600

- Interprétation
- Potassium

Les teneurs en potassium des eaux de surface sont identiques pour E1 et E2 (30 mg/l) et ne dépassent pas la norme tunisienne qui est indique une valeur de l'ordre de 50 mg/l (fig.41)

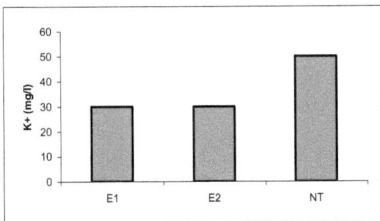

Fig.41 – Variation des teneurs en potassium dans eaux de l'oued Bir El Jazzar

- **Sodium**

Les teneurs en sodium dans les eaux de surface varient de 1000 mg/l pour E1 et 1020 mg/l pour E2 (fig.42).

Les teneurs en sodium augmentent de l'amont vers l'aval et elles dépassent la norme tunisienne qui fixe une valeur de l'ordre de 300 mg/l (fig.42).

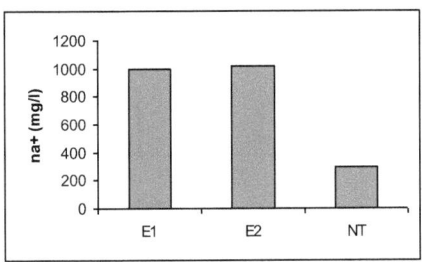

Fig.42 - Variation des teneurs en sodium dans eaux de l'oued Bir El Jazzar

- **Chlorure**

Les teneurs en chlorures des eaux de surface de la région de la décharge de Borj Chakir varient entre 1540 mg/l pour E1 et 1710 mg/l pour E2.

On remarque que les teneurs enregistrées dépassent la valeur indiquée par la norme qui est de l'ordre de 600mg/l (fig.43)

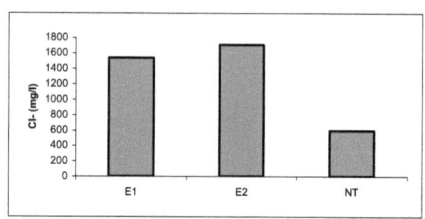

Fig.43 – Variation des teneurs en chlorures dans eaux de l'oued Bir El Jazzar

☛ **Calcium**

Les teneurs en calcium pour les deux échantillons E1 et E2 sont identiques, sont de l'ordre 250 mg/l.

Les valeurs enregistrées de calcium ne dépassent pas la norme tunisienne qui fixe une valeur de l'ordre de 500 mg/l (fig.44)

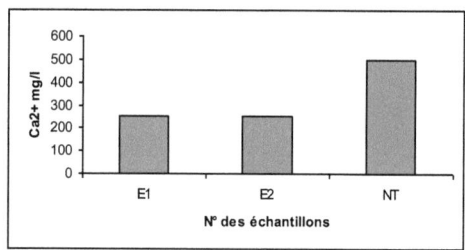

Fig.44 – Variation des teneurs en calcium dans eaux de l'oued Bir El Jazzar

☛ **Sulfates**

Les teneurs en sulfates varient de 810 mg/l au niveau de E1 et de 710 mg/l au niveau de E2.

Les valeurs des sulfates au niveau ces deux échantillons dépassent la norme tunisienne qui indique une valeur de l'ordre de 600 mg/l (fig.45).

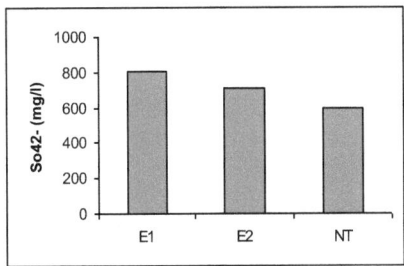

Fig.45 – Variation des teneurs en sulfates dans eaux de l'oued Bir El Jazzar

➤ **Magnésium**

Le dosages de magnésium a révélé des valeurs identiques pour E1 et E2, sont de l'ordre de 140 mg/l et qui ne dépassent pas la valeur indiquée par la norme tunisienne qui est de l'ordre 200 mg/l (fig.46).

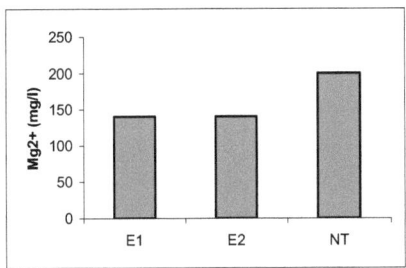

Fig.46 – Variation des teneurs en magnésium dans eaux de l'oued Bir El Jazzar

🦋 **Récapitulation**

Comme le cas des lixiviats on remarque que les eaux de surface sont faiblement chargées en éléments traces par contre elles contiennent des grandes quantités des éléments majeurs comme les chlorures, le sulfate, le potassium et le sodium donc on peut dire que les lixiviats jouent un rôle très important dans la contamination des eaux de surface puisqu'il y a une grande affinité de point de vu composition chimique entre les deux. En plus le magnésium et le calcium dans les eaux de surface peuvent provenir de lessivage du calcaire et de la dolomite des terrains voisins par les eaux de ruissellement rendue acides par les lixiviats.

III. DEGRE DE CONTAMINATION DES EAUX SOUTERRAINES

Dans le but d'étudier l'impact des lixiviats de la décharge contrôlée de Borj Chakir sur la contamination des eaux de la nappe au niveau de cette région, des analyses physico_chimiques ont été effectué sur un échantillon provenant d'un puits situé au niveau du village Bir El Jazzar (fig.47)

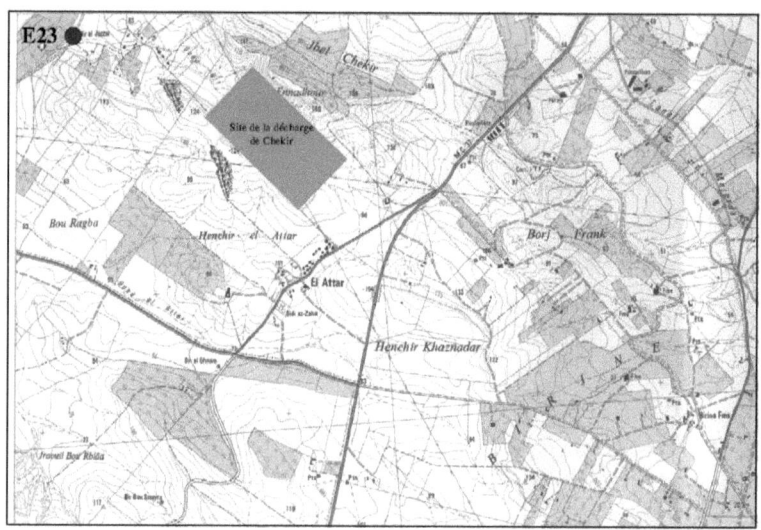

Fig.47 – Localisation de la nappe de Bir el Jazzar

Le puits est de profondeur 14,7 mètres, ses eaux ne sont pas le résultat d'une nappe profonde vu à l'absence de bon aquifère dans la région, mais, il s'agit d'une nappe superficielle due aux eaux pluviales saisonnières (photo.VI)

Photo. VI – Situation du puits de village Bir El Jazzar

1- Les paramètres physico-chimiques

a- La température

La valeur de la température des eaux souterraines mesurée au niveau de l'échantillon est de l'ordre 29,5°C qui est supérieure à la température fixé par la norme tunisienne qui est de l'ordre 25°C.

b- Potentiel d'hydrogène (pH)

La valeur du pH enregistrée au niveau de l'échantillon est de l'ordre 7,05.

c- L'oxygène dissous

La teneur de l'oxygène dissous des eaux prélevées de la nappe est de l'ordre de 4,44 mg/l.

Les teneurs en oxygène dissous sont probablement liées au diamètre du puits qui est de l'ordre de 5 mètres dans notre cas. En effet, les fortes teneurs sont dues à la diminution du degré de ventilation ainsi qu'à l'accélération des réactions chimiques et biologiques qui consomment beaucoup d'oxygène surtout suite à une élévation de la température.

2- Demande chimique en oxygène DCO

La valeur de la DCO enregistrée au niveau de l'échantillon est de l'ordre 70 mg O_2/l et cette valeur ne dépasse pas la norme tunisienne (NT 106-002) qui fixe une valeur de l'ordre 90 mg O_2/l. ce qui montre qu'il n'y a pas de pollution organique au niveau de la nappe.

3- La matière en suspension (MES)

La valeur de la MES au niveau de l'échantillon est de l'ordre 40 mg/l et on remarque que cette valeur dépasse la norme tunisienne.

4- Dosage des éléments traces

Le dosage des éléments traces comme plomb, cadmium, manganèse, cuivre, fer et aluminium au niveau des eaux de la nappe a révélé que leurs teneurs ne dépassent pas l es valeurs indiquées par la norme tunisienne (tableau.30). en effet les teneurs des éléments traces au niveau de la nappe ne dépasse pas la limite de détection de l'appareil.

5- Analyse des éléments majeurs

Les valeurs des éléments majeurs enregistrées au niveau de l'échantillon d'eau dépassent pour certains éléments comme Na^+, Ca^{2+} et Cl^- les valeurs prescrites par la norme tunisienne (tableau.30).

Tableau.30 – Résultas des analyses des éléments majeurs au niveau les eaux de la nappe

Echantillon	Na^+ mg/l	Mg^{2+} mg/l	K^+ mg/l	Ca^{2+} mg/l	SO_4^{2-} mg/l	Cl^- mg/l	HCO_3^- mg/l
E23	1003	80	4	220	480	1490	153
NT	-	150	-	300	600	600	-
NI	175	50	12	200	250	200	120

6- Interprétation

☛ **Potassium**

La teneur en potassium des eaux de la nappe est de l'ordre 4 mg/l et qui dépasse la norme tunisienne qui indique l'absence de cet élément dans les eaux de la nappe (fig. 48).

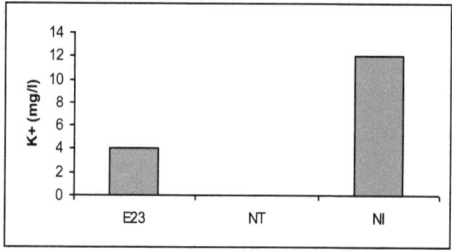

Fig. 48 – Variation des teneurs en potassium au niveau des eaux de la nappe

☛ **Sodium**

Le dosage du sodium au niveau des eaux de la nappe a révélé une valeur de l'ordre de 1003 mg/l et qui dépasse la norme tunisienne qui indique l'absence de cet éléments, en plus cette valeur dépasse aussi les normes internationales qui fixent une valeur de l'ordre de 175 mg/l (fig.49).

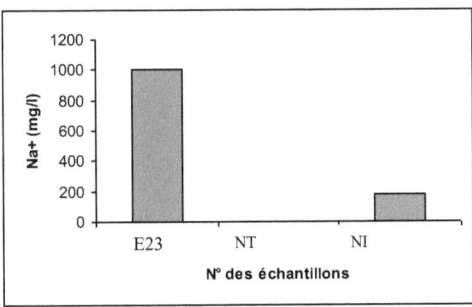

Fig.49 – Variation des sodiums dans les eaux de la nappe de Bir El Jazzar

- Chlorure

Le dosage des chlorures dans les eaux de la nappes est de l'ordre de 1490 mg/l et qui dépasse la norme tunisienne qui fixe une valeur de l'ordre de 600 mg/l et supérieur aussi aux normes internationales qui indiquent une valeur de l'ordre de 200 mg/l (fig.50).

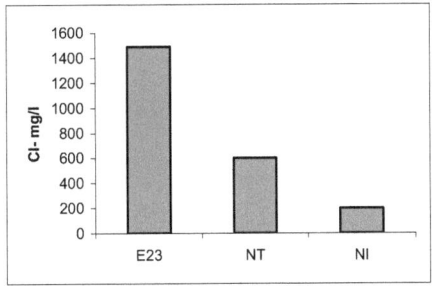

Fig. 50 – Variation des chlorures au niveau des eaux de la nappe

- Calcium

Le dosage du calcium des eaux de la nappe est de l'ordre de 220 mg/l qui ne dépasse pas la valeur indiquée par la norme tunisienne qui est de l'ordre de 300 mg/l (fig.51).

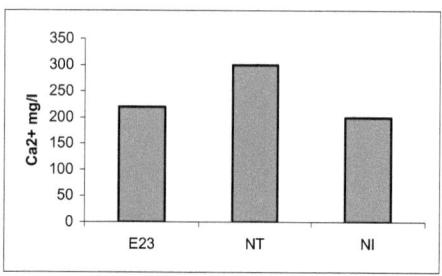

Fig. 51 – Variation des teneurs en calcium au niveau des eaux de la nappe

- **Sulfate**

Le dosage du sulfate a révélé une valeur de l'ordre de 480 mg/l qui ne dépasse pas la valeur fixée par la norme tunisienne qui est de l'ordre de 600 mg/l mais elle dépasse la valeur indique par les normes internationales qui est de l'ordre de 250 mg/l (fig. 52).

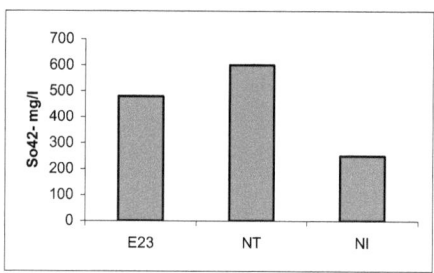

Fig. 52 – Variation des teneurs des sulfates au niveau des eaux de la nappe

- **Magnésium**

Le dosage du magnésium dans les eaux de la nappe sont de l'ordre de 80 mg/l et qui ne dépassent pas la valeur indiqué par la norme tunisienne qui est de l'ordre de 150 mg/l (fig. 53).

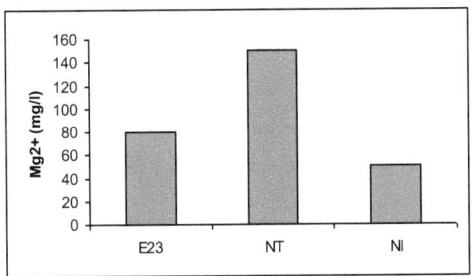

Fig. 53 – Variation des teneurs de magnésium au niveau des eaux de la nappe

- **Bicarbonates**

Le dosage des bicarbonates au niveau des eaux de la nappe a révélé une valeur de l'ordre de 153 mg/l qui dépasse la norme tunisienne qui indique l'absence de cet élément dans les eaux de la nappe (fig.54).

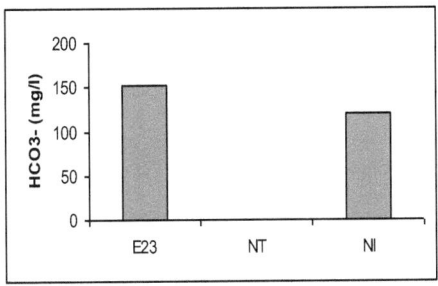

Fig. 54 – Variation des teneurs en bicarbonate au niveau des eaux de la nappe

- **Récapitulation**

Les eaux de la nappe sont faiblement chargées en éléments traces comme Zn, Pb, Cd, Mn, Cu, Fe et Al alors qu'elles sont très riches en éléments majeurs comme Ca, Cl, Na et HCO_3 comme le cas des lixiviats de la décharge contrôlée de Borj Chakir et les eaux de la surface ce montre qu'ils ont une certaine affinité de point de vu composition chimiques.

La contamination des eaux de la nappe est attribuée aux lixiviats de la décharge de Borj Chakir et aussi aux eaux de ruissellement vu a l'emplacement de la nappe paraport à l'oued Bir El Jazzar. En effet, la région Bir EL Jazzar est caractérisée par des habitats anarchiques (photo VII.), en plus pas de réseau d'assainissement au sein de cette région.

En outre, Bir El Jazzar est une région agricole et l'utilisation des engrais minéraux et d'un certains nombres de fertilisants chimiques sont à l'origine des fortes concentrations des chlorures et des sodiums que soit au niveau des eaux de surface ou dans la nappe.

IV. ANALYSES DES SEDIMENTS DE LA DECHARGE ET SES ENVIRONNANTS

1- Teneur en carbonate

La détermination du pourcentage de Ca CO_3 par calcimétrie a été effectuée sur 11 échantillons prélevés de la décharge et du milieu environnant. Les résultats montrent que les teneurs en Ca CO_3 sont élevées (43 à 63%) tableau.31.

Tableau.31 - Variation des teneurs en carbonates dans les sédiments de Borj Chakir et ses environnants

échantillons	La profondeur cm	%$CaCO_3$
S1	0-10	59 %
S2	0-10	65 %
S3	0-10	44 %
S4	0-10	53 %
S5	0-10	53 %
	10-100	47 %
S6	0-10	44%
	10-100	50 %
	100-200	52 %
	200-300	53 %
	300-400	63 %

2- Les minéraux argileux

a. Définition et structure des argiles

Les argiles sont constituées de minéraux dont les particules sont essentiellement des phyllosilicates, empilements de feuillets bidimensionnels silicatés.

Les feuillets, qui constituent le motif de base de ces matériaux, sont formés par l'assemblage de une ou deux couches de tétraèdres siliceux SiO_4 et d'une couche d'octaèdres alumineux, ferrifères ou magnésiens (fig.55).L'assemblage d'une couche de tétraèdres (T) et d'une couche d'octaèdres (O) est un feuillet de type 1:1 ou TO. Un feuillet 2:1 ou TOT est obtenu par « sandwichage » d'une couche d'octaèdres entre deux couches de tétraèdres.

La couche octaédrique peut contenir des cations divalents ou trivalents. Un feuillet est dit dioctaédrique si, pour trois sites octaédriques adjacents, deux sont occupés par des cations trivalents (Al^{3+}, Fe^{3+}, etc) et un reste vide. Dans un feuillet trioctaédrique, les trois sites sont occupés par des cations bivalents (Mg^{2+}, Fe^{2+}, etc), l'équilibre électrique étant obtenu pour six charges positives dans trois octaèdres adjacents.

b. Les argiles 1:1.

Les argiles de type 1:1 sont subdivisées en deux familles:les serpentines (trioctaédriques) et les kaolins (dioctaédriques). Les feuillets sont non chargés, il n'y a donc pas de cation interfoliaire et la distance basale (entre feuillets) (d001) est de l'ordre de 7Å (fig. 56).

Ces argiles sont non gonflantes et ont une très faible capacité d'échange cationique (de l'ordre de 5 meq/100g), provenant d'échanges cationiques sur les bords (faces latérales) des feuillets.

○ Les kaolins (dioctaédriques).

La kaolinite ($Si_2Al_2O_5$ (OH)$_4$) est le minéral le plus abondant de la famille. Elle se présente sous forme de plaquettes hexagonales qui peuvent parfois être étirées en lattes. Il existe deux autres polytypes (feuillet similaire mais mode d'empilement différent de ces feuillets), la nacrite et la dickite, qui sont beaucoup moins abondants. Il n'existe que peu de substitutions dans la structure des feuillets, à part le Fe^{3+} à la place de l'Al^{3+}, ce qui limite la variété des minéraux appartenants à la famille.

⊃ **Les serpentines (trioctaédriques).**

Le chrysotile ($Mg_3Si_2O_5(OH)_4$) et l'antigorite (($Mg,Fe)_3Si_2O_5(OH)_4$) sont les principaux minéraux de cette famille. Un grand nombre de substitutions sont possibles dans la couche octaédrique comme dans la couche tétraédrique : Mg^{2+} par Fe^{2+}, Fe^{3+}, Ni^{2+}, Al^{3+}, etc ou Si^{4+} par Al^{3+} ou Fe^{3+}. Cela explique la grande quantité de minéraux qui composent cette famille : amesite, antigorite, chrysotile, berthierine, greenalite, cronstedtite, lizardite, odinite (di-tri-octaédrique).

c. Les argiles 2:1.

En absence de substitutions cationiques, les feuillets sont non chargés, les espèces ainsi définies sont le talc pour le pôle trioctaédrique ($Mg_6Si_8O_{20}(OH)_4$) et la pyrophyllite pour le pôle dioctaédrique ($Al_4Si_8O_{20}(OH)_4$), d(001) de l'ordre de 9Å. Des substitutions cationiques existent le plus souvent aussi bien dans les couches octaédriques que tétraédriques (Al^{3+} par Fe^{2+} ou Mg^{2+}, Si^{4+} par Al^{3+} ou Fe^{3+}), entraînant un déficit de charges

dans le feuillet, qui devient négativement chargé. L'électroneutralité de la structure est alors assurée par la présence de cations hydratés (smectites) ou non (micas) (fig.57), ou par la présence de feuillets de type brucite (chlorites), qui prennent place dans l'espace interfoliaire.

⊃ **Les smectites (argiles gonflantes).**

Les smectites sont souvent considérées comme des intermédiaires entre le cristal et l'amorphe. Du fait de leur hydratation, et dépendant du cation interfoliaire, les feuillets peuvent être très éloignés les uns des autres. Les cations interfoliaires que l'on retrouve le plus souvent à l'état naturel principalement Na^+, Ca^{2+}, K^+ et Mg^{2+} sont échangeables et plus ou moins hydratés. Ils se localisent en général au-dessus du centre de la cavité hexagonale (ou di-trigonale) de la couche tétraédrique, à des cotes variables en fonction de leur taille, de leur sphère d'hydratation et du déficit de charges du feuillet.

Cette sphère d'hydratation peut résulter en la présence de zéro, une ou deux couches d'eau entre les feuillets. La distance basale est ainsi de 10Å pour K^+ (caractéristique de sa faible hydratation), de 12.5Å environ pour le Na^+ (une couche d'eau) et de 15Å environ pour Ca^{2+} (deux couches d'eau).

Il est possible d'augmenter la distance basale des smectites en remplaçant l'eau de l'espace interfoliaire par un composé organique. Le plus utilisé est l'éthylène glycol car il confère aux smectites une distance basale de 17.Å environ, quelle que soit la nature du cation interfoliaire *(Lantenois ; 2003)*.

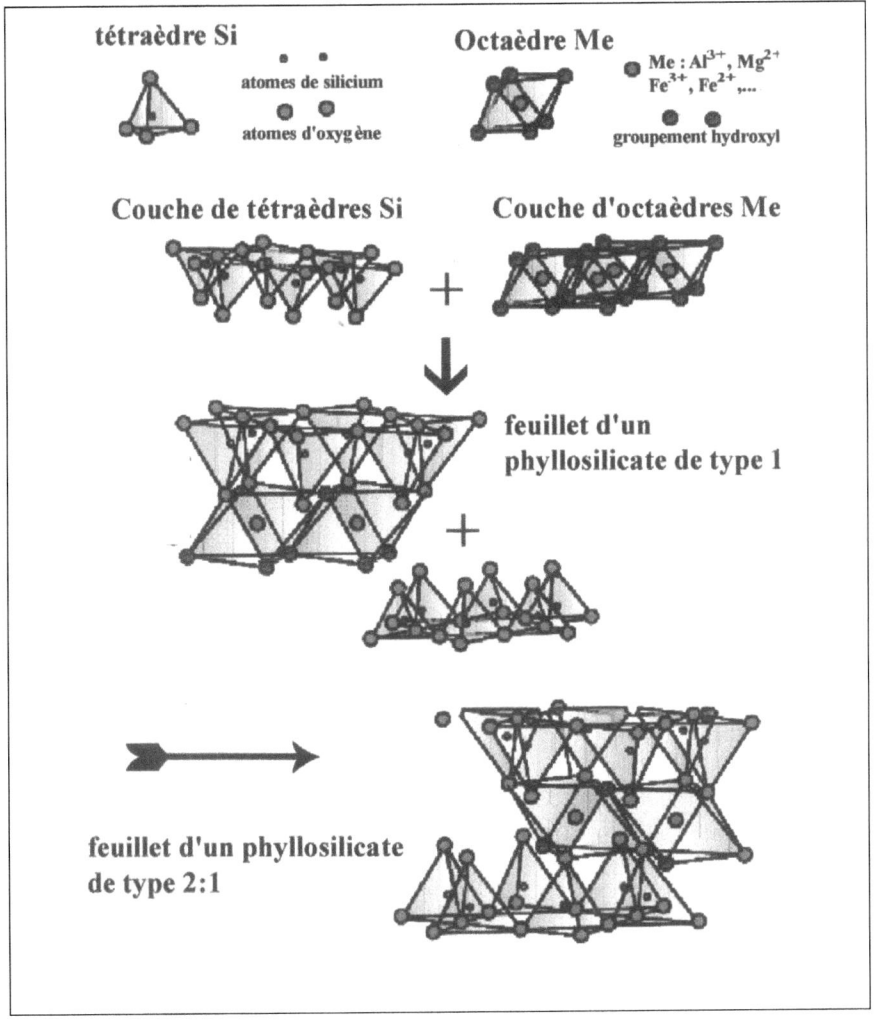

Fig.55 – Structure d'un feuillet d'argile

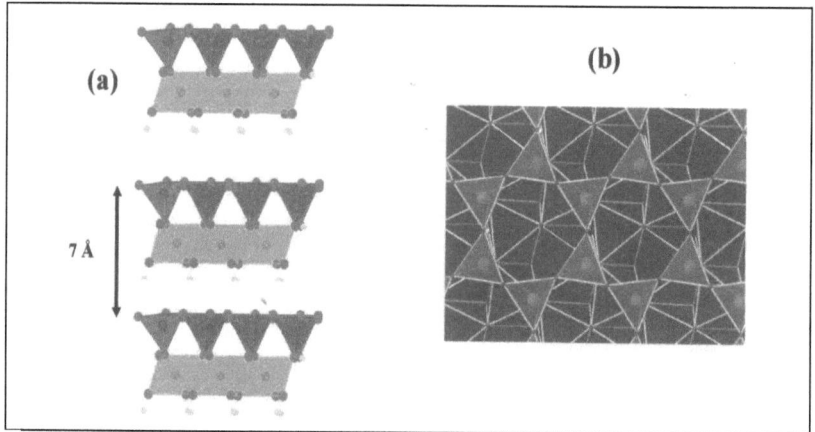

Fig.56 – Représentation schématique d'une argile de type 1 :1

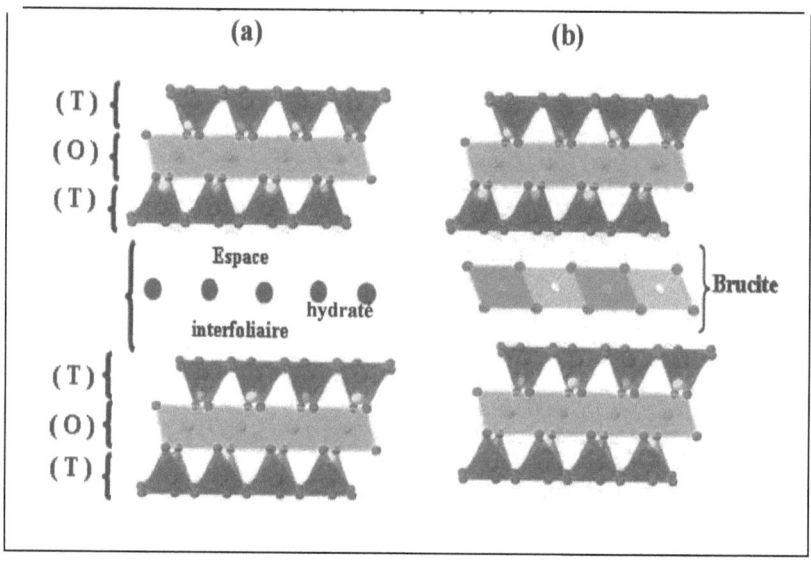

(a) smectite
(b) argile de type chlorite

fig. 57 – Représentation schématique d'une argile de type 2 :1

C'est ainsi, les horizons argileux peuvent constituer d'excellentes barrières contre la migration des polluants en particulier les smectites qui sont capable de retenir les polluants contenus dans les lixiviats qui peuvent être généré par les déchets solides. En effet, l'argile présente une conductivité hydraulique très faible (inférieure à 10^{-9} m/s) et que les gradients hydrauliques engendrés dans le site sont modérés.

Dans ce cadre on a effectué des analyses minéralogique des argiles par diffractométrie aux rayons X a permis d'identifier l'association des minéraux argileux suivant la smectite et la kaolinite.

Les proportions relatives de ces minéraux ont été déterminées à partir du calcul des surfaces des pics correspondants à chaque minéral présent (tableau.32).

En effet, les résultats d'analyses montrent que la smectite est l'argile la plus prépondérante dans le stock argileux caractérisant les sédiments de la décharge contrôlée de Borj Chakir et ses environnants (tableau.33) Alors que la kaolinite montre des teneurs faibles paraport a ceux de la smectite même dans les échantillons prélevés de la profondeur au niveau de la région S6 de la décharge (fig.58).

En outre, la répartition des minéraux argileux au niveau du lit de l'oued Bir El Jazzar montre aussi que les sédiments sont assez riche en smectite dont les pourcentages varient entre 85% au niveau S1 et 95% au niveau S2 et des faible teneurs de kaolinite qui varient entre 15 % au niveau S1 et 5 % au niveau S2. En effet, la répartition des minéraux argileux le long du lit de l'oued Bir El Jazzar est hétérogène qui est dû à la dynamique des cours d'eaux.

Tableau.32- Pourcentage des minéraux argileux dans les sédiments prélevés de la décharge du Borj Chakir et ses environnants

échantillons	La profondeur cm	Kaolinite %	Smectite %
S1	0-10	15	85
S2	0-10	5	95
S3	0.10	5	95
S4	0 -10	10	90
S5	0-10	7	93
	10-100	5	95
S6	0-10	16	84
	10-100	5	95
	100-200	20	80
	200-300	17	83
	300-400	11	89

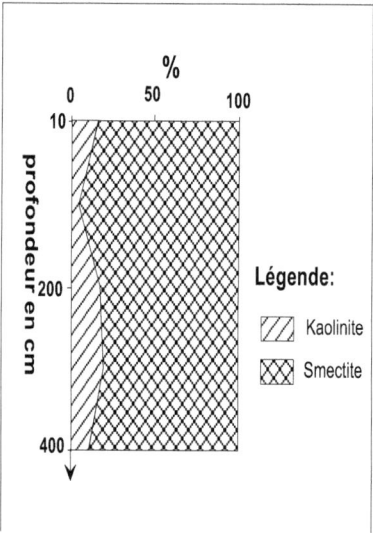

fig.58 – Variation des teneurs des minéraux argileux selon la profondeur au niveau de S6

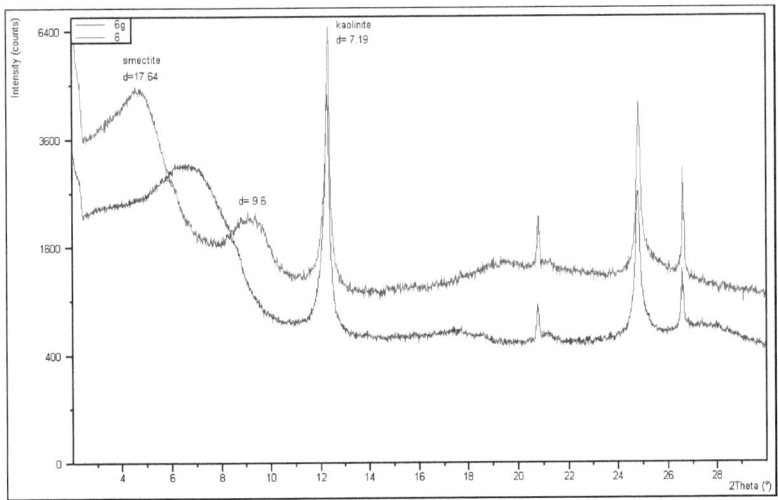

Fig.59 – Exemple de diffractogramme de la lame orienté d'argile au niveau S4

IV. ETUDE DES ELEMENTS TRACES

1- Généralité

Le transport des contaminants vers le milieu naturel s'effectue par la combinaison d'un ou de plusieurs modes tels que : la diffusion, la dispersion mécanique et l'advection. La diffusion correspond à un mouvement des contaminants sous l'effet d'un gradient de concentration chimique. C'est ainsi, il se déplace des zones à hautes concentrations vers celles où les concentrations sont plus faibles ;

- La dispersion mécanique : exprime l'étalement de la concentration du contaminant dans un milieu poreux sous l'effet des forces d'écoulement d'eau. Dans ce cas la lithologie du terrain peut jouer un rôle important dans la détermination du sens de l'écoulement;
- Advection c'est le déplacement des contaminants dans le sens horizontal

(Boussin ; 2004).

La prédominance de l'un ou de l'autre de ces trois modes, dépend essentiellement, du coefficient de perméabilité k, surtout ce qui concerne la vitesse d'écoulement. En effet, si ce coefficient est inférieur à 10^{-8} m/s, la dispersion mécanique est négligée.

Par ailleurs les argiles jouent un rôle important dans la rétention des polluants comme les éléments traces. En Outre, ces éléments dans les eaux naturelles et dans les sols sont rapidement piégés par la phase colloïdes des argiles. L'efficacité du processus dépend des propriétés et de la concentration du réactant et des facteurs environnementaux qui affectent les propriétés de surface des colloïdes. Ainsi, les argiles interviennent suite à leurs propriétés d'adsorption et d'absorption et leur capacité à former des complexes organo-minéraux (argile-oxyde-humus). En effet, L'absorption consiste à l'accumulation d'espèces chimiques à la surface des argiles alors que l'adsorption regroupe les processus d'incorporation des polluants dans la structure argileuse. En outre, la surface argileuse est chargée négativement (charge fixe) qui sera neutralisée par des cations positifs venant de la solution en contact : ces cations définissent la charge diffuse ou couche de Gouy.

2- Analyse des résultats

Le dosage des éléments métalliques dans les échantillons prélevés des sédiments de la décharge de Borj Chakir et ses environnants montré une variation nette du degré de contamination du sol selon le lieu de prélèvement de l'échantillon et selon la profondeur (tableau.34).

L'examen des résultats des analyses des échantillons prélevés au niveau de la région S6 révèlent que les teneurs des éléments traces sont élevées au niveau des horizons supérieurs (10 cm de profondeur) par apport aux horizons inférieurs (fig.60). Parallèlement, les teneurs en smectite sont élevées au niveau supérieur (fig.58), ce qui prouve que ces argiles constituent des pièges de fixation des polluants existant dans les lixiviats du casier 3 qui ne sont pas encore transférés aux bassins et des déchets encore non enfouis (photo.VII). En effet, il convient de souligner que la smectite présente un grand pouvoir de gonflement ce qui est favorable à la formation d'une couche imperméable empêchant la percolation des lixiviats et ce qui limite les infiltrations des lixiviats dans la nappe.

Ce minéral présente de grandes potentialité de fixation des éléments traces tel que Zn, Cd, Mn, Cu, Cr, Ni, Pb et Co et limitant ainsi le transfert de ces éléments dans d'autres milieu tel que la nappe phréatique.

Par ailleurs, au niveau de l'oued Bir El Jazzar, les éléments métalliques montrent que leurs teneurs plus élevées au niveau S1 qu'au niveau de S2 attestant l'influence des lixiviats de la décharge sur la pollution des sédiments de l'oued. En effet vu son emplacement prés du bassin du lixiviat construit en béton, l'oued Bir El Jazzar reçoit une grande quantité des lixiviats (photo.II) matérialisées par une couche brune. En plus les habitons de la région jettent leurs déchets dans l'oued (photo.VIII).

Les analyses des éléments traces montrent une diminution des éléments traces lorsqu'on s'éloigne de la décharge ce qui peut être expliqué comme suit :

➲ lors des crues, les éléments les plus grossiers et les plus denses se déposent les premiers alors que les plus fins vont être se déposer plus loin.

Etant donné que la densité des métaux est plus importante que celles des autres particules du sol, le dépôt de ces métaux et leur accumulation se fait au niveau des zones ou la compétence et la vitesse d'écoulement d'eau deminuent. En effet, ces éléments métalliques se trouvent surtout concentrés dans la zone S1 où l'eau est presque stagnante (photo.II) ce qui permet le dépôt des éléments grossiers et des éléments les plus denses, alors que les particules fines et moins denses du sol seront transportées et déposées plus loin ;

➲ l'absence de précipitations pendant une longue période ce qui induit un manque d'apport d'eau, permettant la resédimentation de ces métaux dans la zone à faible vitesse d'écoulement à savoir la zone S1.

➲ on remarque aussi une faible diminution des métaux lourds en passant de S1 au S2. En effet, il y a rejets des eaux usées et des déchets au sein de l'oued. En plus certains engins larguent leurs déchets avant de la décharge.

✤ Récapitulation

On retient que la contamination des sédiments de la décharge et du son environnant et la pollution des sédiments de l'oued Bir El Jazzar (photo.VIII) sont entraînées par :

-les lixiviats non pompés dans les bassins ou écoulés avec les eaux de pluies ;

-les clients qui larguent leurs déchets sur la route ou à côté de l'oued ;

-l'incinération des déchets (photo.IV) ;

-l'utilisation des engrais chimique jouent un grand rôle.

Tableau.33 - Teneur des éléments traces dans les sédiments de Borj Chakir en ppmm

échantillons	Profondeur (cm)	Zn	Cd	Mn	Cu	Cr	Ni	Pb	Co
S1	0-10	105.6	0,2	344,7	24,1	98,8	25.2	21	9,6
S2	0-10	62.6	-	329,4	23,6	83,1	17	11,1	9,8
S3	0-10	105,6	-	329,4	23,6	83,1	25,2	11,1	9,8
S4	0-10	131,6	-	434,9	13,7	61,1	10,2	30	13,9
S5	0-10	42,1	-	282,1	9,5	66,7	12,5	18,7	10
	10-100	39,4	-	313,9	14,9	60,9	13,7	31,5	2,9
S6	0-10	86,9	2	520,6	31,9	85	21,9	56,3	17,2
	10-100	86	-	446,3	26,1	81,1	19,6	42,4	12,7
	100-200	83,2	-	378,5	20,7	72	19,3	26	9,5
	200-300	50,9	-	239,7	15,6	66,6	16	25,2	10,7
	300-400	37,6	-	246,2	13,2	59,5	15	15	6,03

Tableau.34 – Teneurs des éléments traces (ppm) dans les sols Kabata-Pendias (1984) et Henin (1983)

Eléments	Teneurs normales dans les sols	Teneurs dans les sols considérées toxiques	Teneurs moyennes dans les sols
Mn	200 - 2000	1500 - 3000	600
Ni	-	80 - 100	30 - 40
Cu	2 - 100	60 - 125	30
Zn	10 - 300	70 - 400	50
Cd	0,01 - 7	3 - 8	0,06
Sn	< 5	50	10
Hg	0,02 - 0,2	0,3 - 5	0,03
Pb	2 - 200	100 - 400	10
Cr	-	150	10
Co	-	30	8

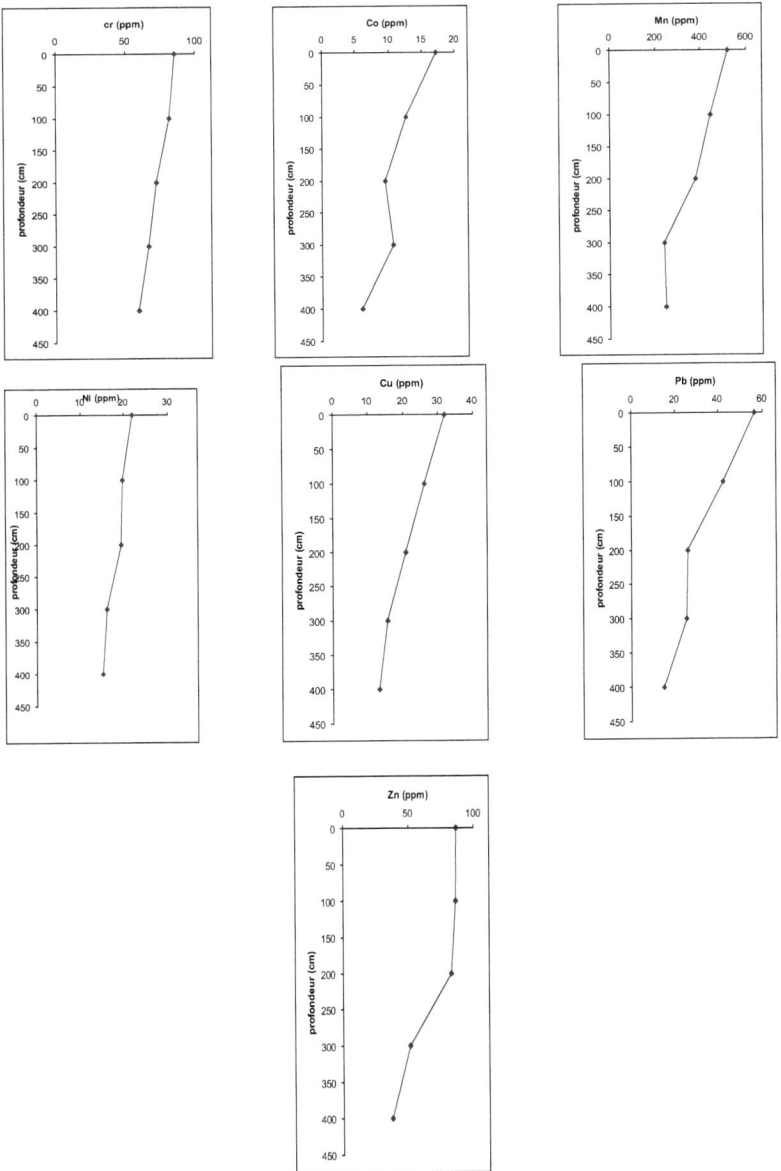

Fig. 60– Variation des éléments traces au niveau S6 et en fonction de la profondeur

Photo.VII – Ecoulement des lixiviats du casier 3 au niveau d'un puits creusé dans l'argile en aval du dit casier

photo.VIII– Situation de l'oued Bir El Jazzar au niveau de la village Bir El Jazzar

V. CONCLUSION

Les Lixiviats de la décharge jouent un rôle très important dans la contamination des eaux de surface, de la nappe et des sédiments de la décharge et ces environs. En effet, les lixiviats du bassin en béton et ceux résultant de l'infiltration ou du ruissellement se mélangent avec les eux pluviales favorisent leurs contaminations.

A fin de limiter cette contamination il convient de mieux gérer la quantité de déchets enfouis au niveau des casiers. Et ceci par :

- la séparation de la matière organique qui présent 68% des déchets enfouis en vue d'un compostage ;
- la valorisation les matières recyclables
- le traitement à la source des déchets d'abattoirs qui apportent une charge organique très importante sur le site
- le traitement alternatif des boues de step.

Enfin, il convient aussi de penser au traitement des lixiviats pour faciliter la réhabilitation de la décharge après sa fermeture.

Chapitre VII :

Modes de traitements des lixiviats existants

I. INTRODUCTION

La forte teneur en matière organique et de leur volume important, les lixiviats des décharges nécessitent un traitement pour atteindre les normes de rejet en vigueur avant de les déverser dans un milieu récepteur.

Compte tenu aussi de leur complexité et de leur évolution, il n'existe pas de solution universelle pour traiter les lixiviats. Aucun polluant ni aucun paramètre pour le choix et le dimensionnement de la filière de traitement ne doit être négligé. (Les techniques utilisées sont semblables à celles utilisées dans les stations d'épuration urbaine).

Une installation de traitement d'eaux usées urbaines est en général un investissement lourd conçu pour plusieurs décennies. Or une installation de traitement de lixiviat de décharge aura une durée de vie plus brève (10 à 20 ans et pour la production du biogaz 30 ans environ).

A partir du moment ou la décharge sera encapsulée, le rejet liquide va décroître rapidement et les équipements seront surdimensionnés.

La solution la plus attractive sera de construire une installation démontable, modulaire et déplaçable.

II. L'IMPACTE DE L'ECONOMIE SUR LE CHOIX DE LA SOLUTION DU TRAITEMENT

Le choix de la solution de traitement des lixiviats doit être guidé par les critères technico-économiques suivant :

- simplicité de filière ;
- simplicité de montage d'exploitation et de fonctionnement ;
- souplesse de fonctionnement ;
- maîtrise des coûts d'investissement et de fonctionnement ;
- favoriser en premier lieu les techniques naturels puisqu'elles sont peu gourmondes en énergie ;
- faible production de sous-produits (boues, concentrats,ect) ;

III .TRAITEMENT DES LIXIVIATS

1- Différentes techniques de traitements existantes

Plusieurs voies de traitements sont susceptibles d'être utilisées :
- Voie physico-chimique
  - oxydation par le peroxyde d'hydrogène ;
  - oxydation par l'ozone et peroxyde d'hydrogène ;
  - coagulation floculation.
- Voie par concentration
  - précipitation ;
  - évaporation ;
  - évaporation forcée ;
  - évapo-incinération.
- Voie par séparation membranaire
  - osmose inverse ;
  - nano filtre ;
  - ultra filtration.
- Voie biologique
  - lagunage aéré ;
  - culture fixée ;
  - bio-réacteur à membrane.

2- Le traitement combinés

Pour un meilleur traitement, il faut associe le plus souvent un traitement biologique et un traitement chimique. L'un élimine la pollution organique biodégradable, l'autre la pollution difficilement biodégradable.

Le traitement se déroule alors en trois étapes :
- La première consiste en une nitification-dénitrification. On oxyde l'ammoniaque et on l'élimine par l'intermédiaire de bactéries spécifiques qui le transforment en azote gazeux ;

- Les deux étapes suivantes se manifeste par : Le traitement physico-chimique sur un décanteur (la DCO sera piégée à 50% par coagulation à l'aide de sels de fer et de chaux). L'ozonation, c'est-à-dire l'injection d'ozone, l'oxydant le plus puisant, éliminera le reste.

Le prétraitement biologique a pour but de diminuer le colmatage des membranes.

IV. LES ETAPES DE TRAITEMENT NECESSAIRE POUR ELIMINER LES POLLUANTS : SOLUTION ADOPTES PAR L'ANGed

Pour le traitement des lixiviats de la décharge contrôlée de Borj Chakir et les autres décharges du pays l'ANGed (fig.65) a proposé le protocole du traitement suivant :

1- Dégraissage

Il a pour objet de préparer le lixiviat par un traitement physique simple, qui va enlever les corps indésirables qui pourraient provoquer des incidents dans le fonctionnement des étapes suivantes de traitement de cet effluent (bouchage, colmatage, engluage, ect).

Cette étape de traitement peut se réaliser grâce à un décanteur statique qui est composé en général d'un bassin rectangulaire équipé d'une cloison pour séparer la zone d'arrivée du lixiviat et une zone « tranquille ».

Dans la zone de séparation huile-lixiviat, par différence de densité, l'huile remonte à la surface, puis est évacuée par un déversoir pour être éventuellement récupérée.

Le lixiviat passe ensuite dans la seconde zone par une couverture dans le bas de la cloison de séparation. Ici, se dépose une partie des sédiments lourds qui tombent et s'accumulent dans le fond du bassin.

Les boues sont évacuées de façon périodique par une vanne de purage. Le lixiviat s'écoule en partie haute par un déversoir dans une cuve intermédiaire où il sera repris pour l'étape suivante.

Ce type d'appareil et la cuve intermédiaire peuvent être réalisés en génie civil ou en caisson en acier inoxydable.

Le produit obtenu après cette étape est récirculé sur les déchets au niveau du casier c'est le principe d'une décharge-béoréacteur et qui décharge-bioréacteur présente plusieurs bénéfices environnementaux et financiers au cours de leur durée de vie et qui sont :

☞ production de biogaz

La production de biogaz dans une décharge-bioréacteur est accrue par l'accélération du processus de dégradation biologique avec la réinjection de la matière organique contenue dans le lixiviat, pour sa transformation en biogaz. La gestion du biogaz peut être réalisée plus efficacement et sa valorisation devient commercialement viable. De plus, le brûlage des biogaz élimine les gaz à effet de serre, de même que les autres émissions potentiellement nocives.

☞ diminution de la charge polluante des lixiviats

Plusieurs études démontrent, que les charges en matière polluantes des lixiviats provenant des décharges-bioréacteurs tendent à être inférieurs aux sites conventionnels et à diminuer plus rapidement surtout après la fermeture du site. Les charges réduites résulteraient d'une plus grande transformation de la matière organique en biogaz, d'une dégradation accélérée et d'une stabilisation plus rapide des déchets. De plus, le lixiviat récirculé est une source d'humidité, d'éléments nutritifs et de matière organiques, nécessaire au processus de dégradation.

☞ diminution de la quantité de lixiviats produits

En utilisant cette récirculation, les quantités de lixiviats à traiter sont inférieures pour une décharge-bioréacteur comparativement à un site conventionnel. Ce phénomène résulte de plusieurs facteurs dont une utilisation supérieure de la capacité d'absorption des déchets et de la consommation de liquide pour la production de biogaz. Les besoins en traitement sont donc inférieurs, tout en réduisant les rejets.

☞ tassement accéléré

Les sites décharges-bioréacteurs subissent un tassement accéléré des déchets permettant une récupération d'espace sur la durée de vie active du site. Cette récupération d'espace peut représenter 35 à 50% du volume utile du site réduisant d'autant les besoins d'agrandissement futurs. La stabilité à long terme du recouvrement final est aussi améliorée.

Le tassement s'explique par :
- la dissolution de la portion soluble des déchets ;
- le compactage plus élevé des couches inférieures du au poids des déchets sus-jacents ;
- le transport de particules fines par les liquides vers des vides.

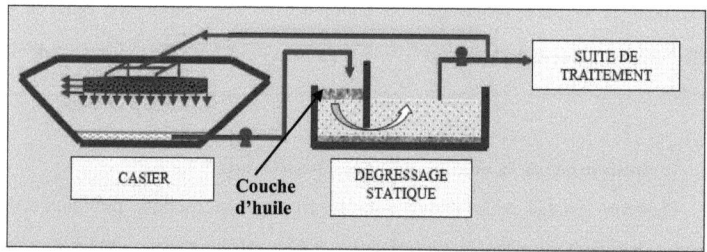

Fig. 61 - Récirculation des lixiviats après dégraissage (ANGed)

2- Le traitement physico-chimique

Grâce à la coagulation, la flocation et la décantation, une fraction de la DCO, des MES, une part de DBO5 associée aux MES et des métaux est éliminé.

Dans une cuve agitée, l'addition de réactifs chimiques permet de déstabiliser les particules colloïdales chargées négativement, ensuite par floculation ces particules sont agglomérées en flocons volumineux.

La séparation eau-boue est réalisée après dans un appareil de flottation ou de décantation.

Les réactifs introduit sont des flolants, coagulant ($FeCl_3$) et lait de chaux, des oxydants (H_2SO_4) ou sulfate alumine) en fonction des polluants devant être éliminés. L'unité est constituée de cuves et de poste de dosage.

3- Traitement biologique par réacteur biomenbranaire (RBM)

Ce traitement constitue une étape fondamentale du traitement de la pollution des lixiviats. Il associé un traitement biologique à une unité de microfiltration. L'abattement concerne les fractions biodégradables de la pollution comme :

- DBO5 ;
- Une fraction de la DCO
- Azote.

L'installation est caractérisée par une très faible production de boues. Ce procédé est optimal pour l'élimination des composés biodégradables et même difficilement biodégradables. En effet, chaque module du RBM est constitué d'un cadre qui maintient les membranes sans les confiner dans un carter sous pression. Deux canalisations permettent l'extraction de l'eau filtrée. Une troisième canalisation amène l'air de balayage.

Les membranes sont des fibres creuses polymériques qui présentent une très bonne résistance mécanique. Leur seuil de coupure est intermédiaire entre la microfiltration et l'ultrafiltration (200 000 daltons).

Des véritables barrières physiques, les membranes permettent de conserver la totalité de la biomasse épuratrice dans le bassin et d'obtenir ainsi :

- une forte concentration de boues (15g/l) ;
- un âge de boues élevé : en remplaçant l'étape traditionnelle de clarification gravitaire, la technique de séparation membranaire supprime tous les inconvénients pouvant résulter de la décantation des boues.

Avant la filtration membranaire il aura deux procédures qui sont :

➔ une aération prolongée dans un bassin. En effet, le réacteur biologique se compose d'un bassin d'aération ;

➔ une nitrification/dénitrification dans les cuves. En outre, le réacteur biologique se compose d'une cuve de dénitrification en tête (réaction en anoxie) suivie de deux cuves de nitrification (aérées) et d'une cuve de finition (non aérée).

La rétention de la biomasse est ensuite réalisée par des membranes d'ultrafiltration externes ou internes, protégées par des filtres à poche pour arrêter les matières solides qui auraient pu être entraînées.

L'ultrafiltration consiste en une barrière qui permet d'obtenir une séparation franche des matières en suspension et de n'avoir à l'extérieur de la membrane que du lixiviats épuré.

En effet, cette installation se compose de cuves et de pompes de transfert et d'un container pour l'ultrafiltration.

4- Le traitement complémentaire

Cette étape constitue une étape de finition du traitement de la pollution des lixiviats par le bais de filtre membranaire, à savoir la nanofiltration ou l'osmose inverse.

La finition consiste à abattre la pollution résiduelle :

- ➢ ions bivalents (Ca^{2+}, Mg^{2+}, SO_4^{2-}, ect) ;
- ➢ petites molécules organiques ;
- ➢ résiduel DCO ;
- ➢ résiduel DBO_5.

Deux types de traitement de finition qui sont le nanofiltre et l'osmose inverse.

Le traitement de finition proposé par l'AnGed est l'osmose inverse qui permet de réduire les ions monovalents tels que le chlorure.

Pour atteindre la norme, les effluents seront diluer avec les eaux pluviales qui seront stockées dans les bassins d'orages.

Cette dilution demande beaucoup de rigueur et de contrôle, ainsi que le rendement dégressif pour l'osmose inverse sera dans le cas d'une étape de finition très atténuée, car l'eau traitée sera relativement propre. Le traitement du retentât sera évoqué ci-après avec les autres rejets.

5- Traitement des boues

Les techniques de traitement des boues sont essentiellement basées sur la déshydratation avec toutes ses variantes.

Chaque étape du traitement des lixiviats génère ses propres résidus, sous la forme de liquide ou de boues liquides. La forte teneur en eau des boues d'épuration de lixiviat rend leurs traitements complexes.

C'est pourquoi il est nécessaire de réduire cette teneur. Si la teneur en eau baisse de 95% à 85%, le volume des boues liquides ou des liquides résiduaires, se réduit à 1/3 du volume initial.

Pour pouvoir assurer une bonne déshydratation des boues, il est nécessaire de respecter les étapes suivantes :

- la floculation : il s'agit d'un conditionnement chimique de la boues. Les réactifs chimiques habituels utilisés sont le chlorure de fer, le sulfate de fer et la chaux. Ajoutés aux boues, ces produits modifient leur état physico-chimique.

- l'épaississement est une opération de séparation des boues qui s'effectue généralement soit par :
  - centrifugation (tambour d'égouttage, etc.) ;
  - gravitairement (filtre à bande, cuve cylindro-conique équipée d'un brasseur vertical lent, etc.),
  - l'essorage : c'est un traitement qui complète l'étape de l'épaississement, il peut être effectué soit par évaporation naturelle soit par compacteur.

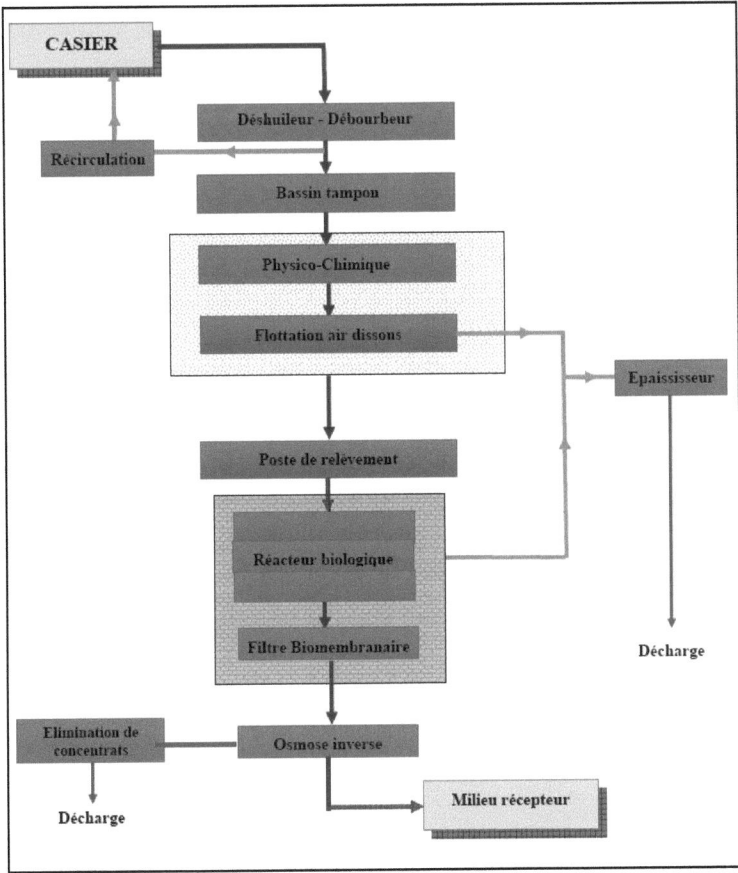

Fig.62- Schéma de la filière de traitement des lixiviats proposé par l'ANGed

V .LE DEVENIR DES EFFLUENT BRUTS APRES CHAQUE ETAPE DE TRAITEMENT

Le traitement de finition pour les lixiviats est l'osmose inverse qui permet la diminution des ions monovalent comme le sodium, le potassium, le chlorure, etc. Ce traitement permet d'obtenir un effluent qui peut être jeter dans le milieu naturel sans risque de contamination des sédiments, des eaux de surface et les eaux de la nappe (tableau.35)

Tableau.35 - Le devenir des effluents bruts après chaque étape de traitement et le pourcentage de rendement de chacune (donnée de l'ANGed)

Les effluents	Etat initial	Déhuillage et dégraissage	%	Traitement physico-chimique	%	REM	%	Séparation membranaire : osmose inverse
DCO (g)	70 000	34,829	49,75	20,897	59,99	4,179	1,28	0.000 (100%)
DOB5 (g)	50 000	32,550	65,1	19,530	60	0,977	5	0.000 (100%)
MES (g)	11 000	3,069	27,9	0,614	20	0,000	100	0.000 (100%)
H&G (g)	16 000	4,185	26,15	0.000	100	0,000	100	0.000 (100%)
NH_4 (g)	3 000	2,790	93	2,678	95,98	0,000	100	0.000 (100%)
Fe (g)	1,400	1,116	79,71	0,000	100	0,000	100	0.000 (100%)
Cl (g)	0,560	0,497	88,75	0,477	95,97	0,458	96	0.000 (100%)
Na (g)	0,370	0,325	87,83	0,316	97,23	0,303	95	0.000 (100%)

← Commentaire

Le procédé de traitement envisager en Tunisie et proposer par l'ANGed possède les étapes suivantes :

- un prétraitement pour le traitement des huiles et graisse ;
- un traitement principal pour le traitement de DCO et de la DBO5 (biologique, bio-membranaire ou par évaporation sous vide) ;
- un traitement complémentaire pour la finition (par nanofiltre ou par osmose inverse);
- un traitement des boues

Les effluents traités devront répondre à la norme tunisienne (NT 106-002) pour le rejet dans la canalisation publique de l'ONAS. En effet il ne faut pas supprimer un des étapes de traitement parce que il sera un des paramètres de rejets sera hors norme.

Grâce à ces filières de traitement, le produit final possède zéro-pollution (tableau.36), on peut l'utiliser pour le lavage des équipements de la décharge et pour l'arrosage des surfaces d'embellissement des décharges

En outre, la valorisation des biogaz au niveau de nos décharges permet aussi de trouver une autre solution de traitement de lixiviats : c'est le traitement par voie thermique dont le produit final est constitué par des boues sèches et qui peuvent être enfouis avec les déchets dans la décharge. En effet, ce traitement permet de maîtriser le biogaz produit par les déchets dans une décharge contrôlée et de l'utiliser comme une source d'énergie renouvelable et aussi réduction.

VI. METHODE DE TRAITEMENT DES LIIXVIATS PAR VOIE THERMIQUE

Cette méthode consiste à utiliser un évaporateur (BGVAP) utilisant le biogaz comme combustible. Les fumées de combustion chauffent les lixiviats à la température de 100°C, par l'intermédiaire d'un échangeur (fig.63).

Les fumées passent ensuite dans un module d'évaporation où elles cèdent, par contact direct avec le liquide, la chaleur latente nécessaire à l'évaporation de l'eau contenu dans le lixiviats.

La vapeur d'eau, ainsi produite, est envoyée dans le foyer de la torchère ou le contact avec les flammes a plus de 900°C détruit toute molécules organiques qu'elle peut contenir.

Des analyses faites sur la qualité des vapeurs dans la torchère ont révélé qu'elles ne gèrent pas de pollution et ne perturbent pas la flamme.

En outre, (monoxyde de carbone) est pratiquement stable et le reste des gaz dont la teneur est largement inférieure à la limite réglementaire.

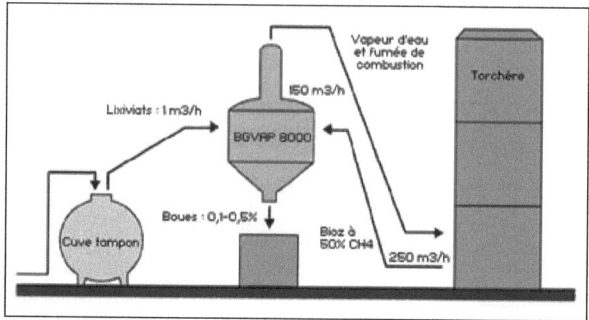

Fig. 63 - Schéma de principe de traitement des lixiviats par voie thermique

(sources@4)

Par conséquent, une décharge contrôlée doit contenir une station de traitement de biogaz qui sera utilisée dans le traitement des lixiviats ou l'envoyer dans une station de valorisation électrique (fig.64)

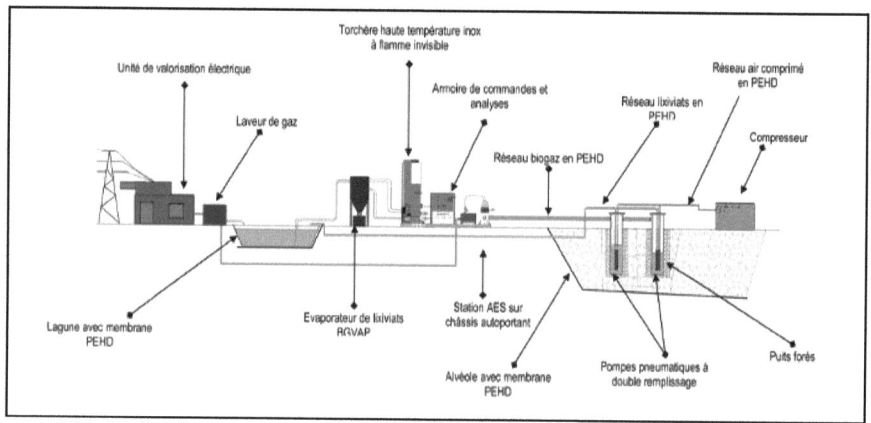

Fig. 64 - Schéma du fonctionnement d'une décharge comportant une station de traitement de lixiviats et de biogaz

(sources@4)

🡆 **Comparaison des techniques de traitement des lixiviats:**

Le choix de la technique de traitement des lixiviats doit avoir plusieurs avantages qu'on peut citer :

- ♦ Avantage économiques (faible coût d'investissement et de fonctionnement et d'entretien) ;
- ♦ Faible consommation de floculant et de l'eau ;

- La construction de l'appareil est toujours autoriser sans inconvénient une implantation extérieure ;
- Les arrêts et les remises en services ne nécessitent pas de nettoyages particuliers ni de vidange ;
- Les boues issues du traitement de lixiviats doivent avoir une charge semblable à celle des boues des eaux usées domestiques.

Par conséquent, nous pouvons classer les critères de comparaison des différentes techniques à trois groupes:
1. Le critère technique relatif au procédé de traitement, à l'installation et à l'exploitation de l'unité de traitement;
2. Le critère environnemental relatif à la performance du traitement et au rendement de traitement et sa réponse aux exigences réglementaires de rejet des effluents;
3. Le critère économique relatif au coût d'investissement.

L'objectif est donc d'optimiser la solution adoptée dans le traitement des lixiviats : un traitement optimal qui répond aux exigences environnementales et à un coût raisonnable.

C'est ainsi une installation de traitement des eaux usées urbaines demande une grande espace. En plus, elle est conçue pour plusieurs décennies. Ce pendant, les lixiviats produites par les déchets ne sont d'une quantité comparatif à celle des eaux usées, en plus l'age de la décharge est bien défini (10 à 20 ans) et une foie capsulée, le rejet liquide va décroître et l'équipement de la station d'épuration sera surdimensionné.

C'est ainsi, le traitement des lixiviats par la méthode choisi par l'ANGed sera plus performant puisque l'installation de traitement est démontable et déplaçable en plus le produit final est obéi au nome tunisien. Mais dans ce type de traitement, on doit tenir compte que l'osmose inverse est effectuée par une membrane très chère ce qui doit être tenir compte le coût des achats de cette membrane.

Alors que pour le modèle de traitement par voie thermique permet l'utilisation de biogaz produit par les déchets enfouis pour l'évaporation des lixiviats et donne des boues sèches ce qui va permet d'éliminer une étape qui est le traitement des boues puisque le produit final de cette méthode est les boues sèches.

En effet, la méthode de traitement des lixiviats par voie thermique est une méthode performante dans une même installation permet le traitement de biogaz qui sera servie au traitement des lixiviats par contre, à côté les deux premières méthode il doit avoir une installation pour le traitement du biogaz qui est actuellement rejeter dans l'atmosphère au niveau de nos décharge.

En outre, de point de vu rentabilité économique, nous permet actuellement choisir le traitement par osmose inverse tableau 36.

Tableau.36 - Classification de différentes techniques de traitement des lixiviats

Critères de classement	Techniques de traitement des lixiviats		
	Traitement physico-chimique classique	Traitement par osmose inverse	Thermique
Technique	1	2	3
Environnemental (rendement)	3	1	2
Economique (investissement)	1	2	3
Somme	5	5	8

La technique thermique est difficile à maîtriser en Tunisie, en plus elle nécessite un coût d'investissement le plus cher.

Les deux techniques physico-chimique et par osmose inverse sont équivalentes. Sauf que la technique par osmose inverse qui a montré sa performance dans beaucoup de cas, reste plus cher mais présente des souplesses d'usage dans le cas des décharges: unité compacte tracté qui peut être utilisés pour plusieurs décharges en même temps selon un programme bien établi.

VII. CONCLUSION

Les lixiviats constituent un grand problème dans les décharges contrôlées ce qui exige de bien gérer les déchets qui entre dans les sites. En effet, certains flux de déchets pourraient ne plus être dirigés vers les décharges par exemple il faut :

- séparer la matière organique en vue de leur compostage,
- valoriser les matières recyclables,
- traitement à la source des déchets abattoirs.

En plus, le traitement de lixiviats facilite la réhabilitation du site après sa fermeture.

Conclusion générale

La décharge contrôlée de Borj Chakir est situé à l'Est de la ville de Mornaguia, elle est à mi chemin entre les villages El Attar et Bir El Jazzar distant respectivement de 1,5 km et de 1km.

Cette décharge est exploitée depuis 1999, le but de sa création est l'élimination des dépotoirs sauvages dont leurs exploitations représentent une menace pour l'environnement. Ce pendant, les lixiviats de cette décharge présentent une source de nuisance sur le milieu environnant. En effet, à la suite des recherches documentaires, de la visite sur le terrain et des analyses des lixiviats, des sédiments et des eaux de la nappe et de surface on a aboutit aux résultats suivants :

L'analyse minéralogique des sédiments a révélé des pourcentages élevés en $CaCO_3$ alors que le cortège argileux est constitué essentiellement de smectite et de kaolinite avec des pourcentages élevés des smectites. Ainsi que, les analyses ont montré que l'accumulation des polluants tel que les éléments traces comme le plomb, le cuivre, le cadmium, etc. sont piégés dans les horizons riches en smectite ce qui montre que ce type d'argile constitue une bonne barrière écologique pour le captage des polluants.

Par contre, les analyses des lixiviats de la décharge de Borj Chakir ont révélé qu'au niveau de la décharge on trouve des lixiviats jeunes et d'autres intermédiaires et qui se caractérisent par des faibles teneurs en éléments métalliques à l'inverse des lixiviats de la décharge de Henchir el Yahoudia. En plus, les analyses ont montré que les lixiviats de Borj Chakir sont chargés en azote et surtout ammoniacal et Kjeldahl, en matière organique et une biodégradabilité (DCO/DBO) comprise entre 0,04 et 0,22 et se caractérisent par une grande quantité des huiles et des graisses.

L'impact des lixiviats sur le milieu environnant se manifeste par une affinité de point de vue composition chimique entre les résultats des analyses des eaux de surface et de la nappe de cette région à ceux des lixiviats de la décharge de Borj Chakir. En effet, les analyses des eaux de surface et ceux de la nappe ont montré aussi des teneurs élevées en azote ammoniacal et Kjeldahl et en éléments majeurs comme le sodium, le potassium, calcium etc.

A fin d'éviter la pollution du milieu naturel par les lixiviats, l'Agence National de Gestion des Déchets Solides (L'ANGed) a proposé un traitement pour ces effluents et qui est un traitement combiné. En outre, il faut associé un traitement biologique qui élimine la pollution organique biodégradable et un traitement chimique élimine la pollution difficilement biodégradable.

En effet, le traitement des lixiviats proposé par l'Agence National de Gestion de Déchets comporte un prétraitement des huiles et des graisses, un traitement biologique pour la diminution de la DCO et la DBO, un traitement de finition par l'osmose inverse permettant d'éliminer les polluants monovalents comme le sodium, les chlorures, le potassium, etc. et un traitement des boues.

C'est ainsi, au niveau du produit final on ne trouve pas des polluants, il répond à la norme tunisienne (NT 106-002) pour le rejet dans les canalisations publiques de l'ONAS et qui sera utilisé pour le lavage des équipements de la décharge et l'arrosage des surfaces d'embellissements des décharges. D'autre part, il faut penser de valoriser le biogaz produit par les déchets enfouis qui peut être utilisé comme une source d'énergie renouvelable.

SOMMAIRE

NTRODUCTION GENERALE..	3
CHAPITRE I : APERCU SUR LA GESTION DES DECHETS SOLIDES EN TUNISIE..	6
I. INTRODUCTION...	7
II. CADRE REGLEMENTAIRE ET JURRIDIQUE DE LA GESTION DES DECHETS..	7
1- Réglementation interne..	7
2- Régime de droit international...	10
III. LES OBJECTIFS ET PRINCIPES DIRECTEURS...............................	11
1- Le volet économique et financier..	11
2- Le volet technique et technologique	12
3- Le volet environnemental..	12
4- Le volet information et sensibilisation..	12
5- Le volet socio-économique..	13
VI. CADRE INSTITUTIONNEL...	14
V. CASSIFICATION DES DECHETS EN TUNISIE.................................	15
3. Les déchets ménagers...	16
4. Les déchets dangereux	16
3- Les déchets spéciaux...	16
4- Les déchets inertes	17
VI. DIAGNOSTIC ET MISE EN EVIDENCE DE PROBLEMATIQUES MAJEURS DE LA GESTION DES DECHETS SOLIDES............................	17
VIII. PRINCALES ACTIONS MENEES...	18
IX. LA VALORISATION ET LE RECYCLAGE DES DECHETS	24
1- La valorisation des déchets...	24
2- Le recyclage des déchets..	24
3- La gestion des déchets en plastiques- le programme « Eco-lef »......	24

X. LES MODES DE TRAITEMENT DES DECHETS SOLIDES 24
1- Les traitements classiques... 24
   c- Usine de compostage.. 24
   b- L'incération... 24
2- Les traitements nouveaux... 24
   a- Compactage.. 25
   b- Pyrolyse ou distillation sèche.. 25
   c- Hydrolyse... 26
   d- Biométhanisation ....

CHAPITRE II : EVOLUTION DES DECHETS AU NIVEAU D'UNE DECHARGE CONTROLEE.. 27

I. INTRODUCTION.. 28
II. LES DECHARGES CONTROLEES ET LES CENTRES DE TRANSFERT... 28
1- définitions... 28
2- Description d'une décharge contrôlée et dispositif de collecte des lixiviats....... 29
   a- Réseaux de drainages des lixiviats.. 30
   b- Collecteurs du biogaz.. 33
3- Descriptions d'un centre de transfert...
III. EVOLUTION DES DECHETS STOCKES DANS UNE DECHARGE CONTROLEE.. 33
1 Evolution des déchets dans la décharge 33
2 Evolution biologique... 33
IV. LES EMISSIONS... 34
1- les lixiviats 34
   a- Définition... 34
   b- La production des lixiviats... 34
   c- Origine de la pollution des lixiviats...................................... 35
   d- Processus mis en jeu dans la formation de lixiviats................ 35
   e- La charge polluante des lixiviats.. 36

f- Evolution de la composition des lixiviats...	36
2- Le biogaz	38
a- Définition..	38
b- Composition et caractéristiques du biogaz	38
c- les caractérisations du biogaz..	39
d- La maîtrise des flux de biogaz	40
V. LES NUISANCES CAUSEES PAR UNE INSTALLATION DE STOCKAGE...	41
1- Contrôle des bruits et des odeurs...	41
a- Génère des poussières, papiers, envols divers...............................	43
b- Lutte contre les animaux..	43
c- Prévention d'incendie...	44
2- Le colmatage des systèmes de drainages..	44
CHAPITRE III : GESTION DES DECHARGES CONTROLEES : CAS DE LA DECHARGE CONTROLEE DE BORJ CHAKIR...................................	46
III. INTRODUCTION...	47
IV. CADRE GEOGRAPHIQUE DU SECTEUR D'ETUDE.................	47
V. CADRE CLIMATIQUE...	48
1-Pluviométrie...	48
2-La température	49
3- Evaporation	49
III. CADRE GEOLOGIQUE...	50
V. HYDROGEOLOGIE...	51
1- Les eaux de surfaces...	51
2- Les eaux souterraines	
VI. HISTORIQUE DE LA DECHARGE...	52
VII. PLAN DE LA DECHARGE..	53
VIII. LES DECHETS RECUS..	56
1-Quantité de déchets reçus	56
2-Nature des déchets reçus..	56
3 - Contrôle des déchets	57

    4 - Origine des déchets reçus 58
IX. LES LIXIVIATS.. 58
    1-Approche quantitative 58
    2-Approche qualitative.. 59
    3-Les solutions développées jusqu'à ce jour pour réduire ou traiter les volumes des lixiviats 61
X. Le biogaz... 62
XI. LES PROBLEMES DE LA DECHARGE.. 63
    1- Impact direct de la décharge... 63
    2- Impact indirect de la décharge.. 64
    3- Autres problèmes.. 64

CHAPITRE IV : METHODES ET TECNIQUES D'ANALYSES............... 66
I. INTRODUCTION.. 67
II. PRELEVEMENT ET ANALYSE DES SEDIMENTS DE LA DECHARGE ET SES ENVIRONNANTS.. 68
    1 - Préparation des sédiments... 68
    2 - La calcimétrie.. 68
    3- Minéralogie des argiles (méthode des agrégats orientés) 68
    4 – Extraction des métaux lourds des sols.. 69
        a- But... 69
        b- Les réactifs utilisés.. 69
        c- Mode opératoire 70
II. PRELEVEMENT ET ANALYSE DES LIXIVIATS ET DES EAUX DE SURFACE ET DE LA NAPPE.. 73
    1-Prélèvement et conservation des échantillons....................................... 73
        a- Les Lixiviats.. 73
        b- Les eaux de ruissellements.. 73
        c- Les eaux souterraines 73
    2- Analyse des paramètres physico-chimiques.. 74
        a- La température 74

b- Le pH 74
c- Oxygène dissous... 74
d- La conductivité électrique.. 74
3- Analyse des sels nutritifs 74
    a. L'azote.. 74
    b. Phosphore (orthophosphate HPO_4^{2-})... 75
4- Analyse des éléments majeurs (anions et cations)................................ 76

    a. Dosage des anions... 76
    b. Dosage des cations... 76
5. Dosage des éléments traces 77
6. Caractérisation de la matière organique.. 77
    a. DBO5... 77
    b. DCO... 77

CHAPITRE. V : ANALYSE DES LIXIVIATS DE LA DECHARGE DE BORJ CHAKIR.. 79
I. INTRODUCTION... 80
II. DETERMINATION DE LA QUANTITE DE LIXIVIATS PAR MODELE DE CALCUL... 80
III. Détermination des différents paramètres.. 81
    1- P : précipitation.. 81
    2- Wm : Production d'eau par compactage à partir de la teneur en eau des déchets en phase d'exploitation de casier.. 81
    3- Wm' : Production d'eau, par compactage, à partir de la teneur en eau des déchets lorsque le casier sera fermé.. 82
    4- Production d'eau par réactions biochimiques aérobiques : B................ 86
    5- percolation : p... 83
    6- Evaporation : Ev... 83
    7- Et : Evapotranspiration... 83
    8- Production d'eau par réactions biochimiques anaérobiques : G............ 84

9- Perte au fond du casier 84
10- Variation de l'accumulation du jus au fond du casier : ΔS............ 84
IV. Vérification du modèle de calcul au niveau de la décharge contrôlée de Borj Chakir... 85
V. LES PARAMÈTRES PHYSICO-CHIMIQUES DES LIXIVIATS............ 86
  1-La température.. 86
  2- Le pH 87
  3- L'oxygène dissous.. 88
  4- La conductivité 88
I. LES ÉLÉMENTS NUTRITIFS... 89
  1-L'azote.. 89
    a- Les nitrites NO_2^- 89
    b - Les nitrates NO_3^- 90
    c - L'azote ammoniacal (NH_4^+)... 91
    d - L'azote Kjeldahl (NTK).. 92
    e - L'azote organique.. 93
    f - Interprétation 94
  2- Les orthophosphates 95

VII. CARACTÉRISATION DE LA MATIÈRE ORGANIQUE................... 96
1 - La demande chimique d'oxygène DCO 96
2 - Demande biochimique en oxygène en 5 jours (DBO5)........................ 97
3 - Biodégradabilité (DBO_5/DCO)... 98
VIII. LA MATIERE EN SUSPENSIONS (MES)..................................... 99
IX. DOSAGE DES ELÉMENTS TRACES... 99
1-Généralité : origine des métaux lourds dans les lixiviats 99
2 - Dosage des éléments traces au niveau des lixiviats de la décharge de Borj Chakir.. 101
  a- Interprétation... 101
  b- Conclusion.. 104
X. LES HUILES ET LES GRAISSES VÉGÉTALES USAGÉES 116
XI. CONCLUSION... 107

CHAPITRE VI : DEGRE DE CONTAMINATION DES EAUX ET DES SEDIMENTS...	108
I. INTRODUCTION...	109
II. ETUDE DU DEGRE DE CONTAMINATION DES EAUX DU SURFACE...	109
1-Les paramètres physico-chimiques...	109
a-La température...	109
b-Le pH..	110
c- L'oxygène dissous..	110
d-La conductivité..	110
3 - Les éléments nutritifs	110
a- L'azote...	110
b- L'azote Kjeldahl..	111
c-L'azote ammoniacal...	111
d-L'azote organique...	111
4 - Caractérisation de la matière organique	111
5 - La matière en suspension (MES)..	111
6 - Interprétation	112
7- Les orthophosphates	112
8- Dosage des éléments traces...	112
9- Dosage des éléments majeurs..	114
III. CONTAMINATION DES EAUX SOUTERRAINES........................	118
1- Les paramètres physico-chimiques..	119
a- La température..	119
b-Potentiel d'hydrogène (pH)..	119
c- L'oxygène dissous..	119
2-Demande chimique en oxygène DCO..	119
3-La matière en suspension (MES)...	119
4-Dosage des éléments traces...	119
5-Analyse des éléments majeurs	120
6-Interprétation	120
IV. ANALYSES DES SEDIMENTS DE LA DECHARGE ET SES ENVIRONS..	124

1- Teneur en carbonate..	124
2- Les minéraux argileux..	125
IV. ETUDE DES ELEMENTS TRACES...	131
1-Généralité..	131
2-Analyse des résultats..	132
V. CONCLUSION	136

CHAPITRE VII : MODES DE TRAITEMENT DE LIXIVIATS EXISTANT.... 137

I. INTRODUCTION..	138
II. L'IMPACTE DE L'ECONOMIE SUR LE CHOIX DE LA SOLUTION DU TRAITEMENT	138
III .TRAITEMENT DES LIXIVIATS..	139
1- Différentes techniques de traitements existantes	139
2- Le traitement combinés...	139
IV. LES ETAPES DE TRAITEMENT NECESSAIRE POUR ELIMINER LES POLLUANTS : SOLUTION ADOPTES PAR L'ENGed.............................	140
1- Dégraissage	140
2-Le traitement physico-chimique	142
3- Traitement biologique par réacteur biomenbranaire (RBM).......................	142
4- Le traitement complémentaire..	143
5-Traitement des boues	144
V .LE DEVENIR DES EFFLUENT BRUTS APRES CHAQUE ETAPE DE TRAITEMENT...	145
VI.METHODE DE TRAITEMENT DES LIIXVIATS PAR VOIE THERMIQUE..	147
VII. CONCLUSION..	150
CONCLUSION GENERALE...	151
ANEXE	

Liste des photos

	pages
Photo.I – Les bassins des lixiviats construit en argiles dans la décharge contrôlée de Borj Chakir…………………………………………………………………………………..	54
Photo.II – L'état de l'amont de la décharge ………………………………………………	54
Photo.III – Etat actuelle de la décharge ………………………………………………….	65
Photo.IV – Situation de la route de décharge ……………………………………………	65
Photo.V – Brûlure des déchets au niveau de la route MC37…………………………………	65
Photo.VI – Situation du puits de village Bir el El Jazzar……………………………………	118
Photo.VII – Ecoulement des lixiviats du casier 3 au niveau d'un puits creusé en aval du casier..	136
Photo.VIII – Situation de l'oued Bir el Jazzar au niveau de village Bir El jazzar………………	136

Liste des tableaux

pages

Tableau.1 – principaux textes juridiques dans le domaine de gestion des déchets............ 9

Tableau.2 - La composition des lixiviats et leur degré de biodégradabilité en fonction de l'âge de la décharge (Millot, 1986)... 37

Tableau.3- Principaux composées du biogaz, proportion et caractéristiques (ADEME, 1996) 40

Tableau.4 - Répartition mensuelle et saisonnière de la pluviométrie de la station Tunis-Carthage... 49

Tableau. 5 - Température mensuelle de la station Tunis-Carthage........................... 49

Tableau.6- Evaporation mensuelle de la station Tunis-Carthage............................. 49

Tableau.7 - Evolution de la quantité de déchets au niveau de la décharge de Borj Chakir depuis 2000 jusqu'à 2005.. 56

Tableau.8- Résultats des analyses durant 3 ans sur les lixiviats provenant du casier 1... 59

Tableau.9 – Différence entre le calcul théorique et les données de la décharge de Borj Chakir.. 60

Tableau.10 - Variation de la température au niveau les échantillons des lixiviats de la décharge de Borj Chakir... 86

Tableau.11 - Variation du pH au niveau les échantillons des lixiviats de la décharge contrôlée de Borj Chakir... 87

Tableau.12 - variation de la quantité d'oxygène dissous au sein des échantillons des lixiviats.. 88

Tableau.13 - Variation de la conductivité au niveau les échantillons des lixiviats de la décharge Contrôlée de Borj Chakir... 89

Tableau.14 - Variation des nitrites au niveau les échantillons des lixiviats de la décharge contrôlée du Borj Chakir... 90

Tableau.15 - Variation des la quantité des nitrates au niveau des bassins des lixiviats...... 91

Tableau.16 - Variation de la quantité de NH_4^+ au niveau les échantillons des lixiviats...... 92

Tableau. 17 - Variation de la quantité de l'azote Kjeldahl au niveau des bassins de lixiviats.. 93

Tableau.18 - Variation de la quantité de l'azote organique au niveau des bassins des lixiviats.. 94

Tableau.19 - Variation de la quantité des orthophosphates au niveau des bassins des lixiviats.. 96

Tableau.20 – Résultats des analyses de DCO et de DBO5 des lixiviats du Borj Chakir... 97

Tableau.21 - Variation de la matière en suspension au niveau des lixiviats de Borj Chakir... 99

Tableau 22 - Teneurs des métaux lourds des différents composant des ordures ménagères standard (Rousseaux, 1988)... 100

Tableau.23 – Résultats des analyses des éléments traces dans les lixiviats de la décharge contrôlée de Borj Chakir... 101

Tableau.24- Caractéristiques moyennes des lixiviats d'ordures ménagères suivant la norme AFNOR X 31.210.. 105

Tableau.25 - Résultats des analyse de la quantité des huiles et graisses depuis 1999 jusqu'à 2004.. 106

Tableau.26 - Analyse et mesure de quelques paramètres physico-chimiques des eaux de surfaces prélevées à partir de E1 et E2... 110

Tableau.27- Résultats des analyses des éléments nutritifs au niveau d'un échantillon prix de l'oued Bir El Jazzar.. 112

Tableau .28 - analyse et mesure de quelque éléments traces................................. 112

Tableau. 29 - Analyses et mesures des éléments majeurs..................................... 114

Tableau.30 – Résultas des analyses des éléments majeurs au niveau les eaux de la nappe... 120

Tableau.31 - Variation des teneurs en carbonates dans les sédiments de Borj Chakir et ses environnants.. 124

Tableau.32- Pourcentage des minéraux argileux dans les sédiments prélevés de la décharge du Borj Chakir et ses environnants 130

Tableau.33 - Teneur des éléments traces dans les sédiments de Borj Chakir.................. 134

Tableau.34 – Teneurs des éléments traces (ppm) dans les sols Kabata-Pendias (1984) et Henin (1983).. 134

Tableau.35 - le devenir des effluents bruts après chaque étape de traitement et le pourcentage de rendement de chacune (donnée de l'ANGed)........................... 146

Tableau.36 - Classification de différentes techniques de traitement des lixiviats........... 150

Liste des figures

pages

Fig. 1- La composition des déchets ménagers et assimilés en Tunisie............................ 22

Fig. 2- Circuit de gestion des ordures ménagères.. 24

Fig. 3- Principe de fonctionnement d'un centre de stockage des déchets ménagers....... 32

Fig.4 - Evaluation de la production des lixiviats en fonction de l'âge moyen de l'installation de stockage (Charbon et al, 2000)... 34

Fig. 5- Modèle de production et de composition globale de gaz dans un centre de stockage des ordures ménagères selon l'évolution de la matière organique................. 39

Fig. 6 – Extrait de la carte topographique Tunis Sud-Est à l'échelle 1 /25000............... 47

Fig.7 - Extrait de la carte géologique du Tunis n°20 (échelle 1/ 50 000)..................... 51

Fig. 8 – Profil topographique de la coupe AB (passant de la décharge contrôlée de Borj Chakir situé dans la Fig.8).. 52

Fig. 9 - Plan de la décharge contrôlée de Borj Chakir... 55

Fig.10 – Variation du Plomb au niveau les deux échantillons des lixiviats 60

Fig.11 – Variation du Plomb au niveau de lixiviats... 60

Fig.12 – Variation du cadmium au niveau les deux échantillons de lixiviats................ 60

Fig.13 – Variation de la teneur des chlorures au niveau les deux échantillons de lixiviats... 60

Fig.14– Variation du sodium au niveau les lixiviats... 60

Fig.15 – Variation de la teneur du potassium dans les deux échantillons de lixiviats...... 61

Fig.16 - Principe de fonctionnement d'un casier de stockage de déchets au niveau de la décharge contrôlée de Borj Chakir... 62

Fig.17 - carte de répartition des prélèvements des échantillons des sédiments............ 72

Fig.18 – carte de répartition des prélèvements des échantillons des eaux de surface et de la nappe.. 78

Fig.19 – Variation de la température au niveau des échantillons de lixiviats de la décharge de Borj Chakir.. 86

Fig.20 – Variation du pH au niveau des échantillons de lixiviats de la décharge contrôlée de Borj Chakir... 87

Fig.21 – Variation de la quantité d'oxygène dissous au sein des échantillons des lixiviats... 88

Fig. 22 - Variation de la conductivité au niveau des échantillons de lixiviats de décharge contrôlée de Borj Chakir... 89

Fig. 23 - Variation des nitrites au niveau les échantillons de lixiviats de la décharge contrôlée de Borj Chakir... 90

Fig. 24- Variation des la quantité des nitrates au niveau des bassins des lixiviats.......... 91

Fig. 25 - Variation de la quantité de NH_4^+ au niveau des échantillons des lixiviats......... 92

Fig.26 - Variation de la quantité de l'azote Kjeldahl au niveau des bassins de lixiviats.. 93

Fig.27 - Variation de la quantité de l'azote organique au niveau des bassins des lixiviats... 94

Fig. 28 - Variation de la quantité des orthophosphates au niveau des bassins des lixiviats 96

Fig. 29 - Variation de la DCO au niveau des lixiviats de Borj Chakir........................... 96

Fig. 30 - Variation de la DBO5 au niveau des lixiviats de Borj Chakir......................... 98

Fig. 31 -Variation de la matière en suspension au niveau des lixiviats de Borj Chakir.... 99

Fig. 32 - Variation de Zn^{2+} au niveau des échantillons des lixiviats............................... 101

Fig. 33 - Variation de Mn^{2+} au niveau des échantillons de lixiviats provenant de la décharge de Borj Chakir 102

Fig. 34 - Variation de Cu^{2+} au niveau les échantillons des lixiviats............................. 103

Fig. 35 - Variation de Fe^{2+} au niveau des échantillons de lixiviats............................... 103

Fig.36 – Variation des teneurs en fer dans les eaux de surface...................................... 113

fig.37 – Variation des teneurs en magnésium dans les eaux de surface 113

Fig.38 - Variation des teneurs en cuivre dans eaux dans les eaux de surface................ 113

fig.39 – Variation des teneurs en zinc dans les deux échantillons E1 et E2.................. 114

Fig.40 - Variation des teneurs en cadmium dans les deux échantillons E1 et E2.......... 115

Fig.41 – Variation des teneurs en potassium dans eaux de l'oued Bir El Jazzar............ 115

Fig.42 - Variation des teneurs en sodium dans eaux de l'oued Bir El Jazzar................ 116

Fig.43 – Variation des teneurs en chlorures dans eaux de l'oued Bir El Jazzar............. 116

Fig.44 – Variation des teneurs en calcium dans eaux de l'oued Bir El Jazzar............... 117

Fig.45 – Variation des teneurs en sulfates dans eaux de l'oued Bir El Jazzar................ 117

Fig.46 – Variation des teneurs en magnésium dans eaux de l'oued Bir El Jazzar.......... 118

Fig.47 –Localisation de la nappe de Bir el Jazzar……………………………………….. 120

Fig.48 –Situation du puits de village Bir El Jazzar………………………………………. 121

Fig. 49 – Variation des teneurs en potassium au niveau des eaux de la nappe………….. 121

Fig.50 – Variation des chlorures dans les eaux de la nappe de Bir El Jazzar……………. 122

Fig. 51 – Variation des teneurs en calcium au niveau des eaux de la nappe……………. 122

Fig. 52 - Variation des teneurs des sulfates au niveau des eaux de la nappe…………… 123

Fig. 53 – Variation des teneurs de magnésium au niveau des eaux de la nappe………… 124

Fig. 54 – Variation des teneurs en bicarbonate au niveau des eaux de la nappe………… 127

Fig. 55 – Structure d'un feuillet d'argile………………………………………………… 128

Fig. 56 – Représentation schématique d'un argile de type 1 :1 ………………………… 130

Fig. 57 – représentation schématique d'un argile de type 2 :2………………………….. 131

fig.58 – Variation des teneurs des minéraux argileux selon la profondeur au niveau de S6……………………………..……………………………………………………….. 135

Fig.59 – Exemple de diffractogramme de lame orienté d'argile au niveau S4…………. 142

Fig. 60 – Variation des éléments traces au niveau S6 et en fonction de la profondeur………………………………………………………………………………. 145

Fig. 61 - Récirculation des lixiviats après dégraissage (ANGed)………...…………….. 147

Fig.62- Schéma de la filière de traitement des lixiviats proposé par l'ANGed………… 147

Fig.63 – Schéma de principe de traitement des lixiviats par voies thermique…………... 148

Fig. 64 - Schéma de principe de traitement des lixiviats par voie thermique…..………. 148

Sites web

@ 1 http://www.fairtec.fr/Lixiviat/Traitement_des_lixiviats.html
@ 2 http://www.actu-environnement.com/
@ 3 http://www.emse.fr/~brodhag/TRAITEME/fich18_5.htm
@ 4 http://www.aes-biogaz.com/biogaz.htm
@ 5 http://extranet.sita.fr/SITA_EXT_traitement.asp
@ 6 http://www.fairtec.fr/Espace_info/traitement_de_dechets.htm
@ 7 http://www.anpe.nat.tn
@ 8 http://seme.cer.free.fr
@ 9 http://www.aes-biogaz.com/traitement_lixiviats.htm
@ 10 http://www.pizzorno.com/dechetterie.htm
@ 11 http://www.aes-biogaz.com/presentation.htm
@ 12 http://www.citet.nat.tn/francais/citet/projets.
@ 13 http://www.enviroaccess.ca/techno-23-fr.html
@ 14 http://www.fairtec.fr/Lixiviat/Effluents_lixiviats.html
@ 15 http://www.pays-mareuillais.com
@ 16 http://2ne.fr/index.php
@ 17 http://Centre%20d%20enfouissement%20technique.htm

I want morebooks!

Buy your books fast and straightforward online - at one of the world's fastest growing online book stores! Environmentally sound due to Print-on-Demand technologies.

Buy your books online at
www.get-morebooks.com

Achetez vos livres en ligne, vite et bien, sur l'une des librairies en ligne les plus performantes au monde!
En protégeant nos ressources et notre environnement grâce à l'impression à la demande.

La librairie en ligne pour acheter plus vite
www.morebooks.fr

OmniScriptum Marketing DEU GmbH
Heinrich-Böcking-Str. 6-8
D - 66121 Saarbrücken
Telefax: +49 681 93 81 567-9

info@omniscriptum.com
www.omniscriptum.com

Printed by Books on Demand GmbH, Norderstedt / Germany